Rhino

数字化
家具设计

易欣　周宁昌　等著

U0228664

化学工业出版社

·北京·

内容简介

本书在介绍 Rhino 软件基本原理和操作方法的基础上，由浅入深阐述了 Rhino 曲面建模的操作，并以若干案例详细介绍了塑料家具、金属家具、藤编家具以及软体家具等非木质家具的建模；以传统木质家具方背椅、多宝阁为例，介绍了实木家具建模，详细介绍了榫卯结构的建模以及复杂造型的细分建模；最后介绍了基于 Grasshopper 进行参数化家具设计的若干技巧；并介绍了渲染软件、有限元分析软件、板式家具设计 R5 插件在家具设计、渲染及数值分析方面的基本操作。

本书适合家具设计专业学生和从业人员参考使用。

图书在版编目（CIP）数据

Rhino 数字化家具设计/易欣等著.—北京：化学工业出版社，2022.5（2023.5 重印）
ISBN 978-7-122-40910-2

Ⅰ.①R⋯　Ⅱ.①易⋯　Ⅲ.①家具-计算机辅助设计-应用软件　Ⅳ.①TS664.01-39

中国版本图书馆 CIP 数据核字（2022）第 037611 号

责任编辑：韩霄翠　仇志刚　　　　　　　文字编辑：林　丹　沙　静
责任校对：杜杏然　　　　　　　　　　　装帧设计：杜　好

出版发行：化学工业出版社（北京市东城区青年湖南街 13 号　邮政编码 100011）
印　　装：北京机工印刷厂有限公司
787mm×1092mm　1/16　印张 14　彩插 4　字数 296 千字　2023 年 5 月北京第 1 版第 2 次印刷

购书咨询：010-64518888　　　　　　　　　售后服务：010-64518899
网　　址：http://www.cip.com.cn
凡购买本书，如有缺损质量问题，本社销售中心负责调换。

定　　价：58.00 元

本书完稿之后，年轻的作者们希望我写几句话，于是，我以一名新手的心态通读了全书，感觉值得深入学习，也愿意推荐给大家。

　　家具设计与工程是 2019 年教育部新增的特设专业，也是"林业工程"学科重要的研究方向，其博士、硕士学位授权点均归属于林业工程一级学科。这一学科专业的产生源于行业发展对高素质人才的重大需求，与产业科技创新和数字化变革密切相关，具有极强的生命力和广阔的成长空间。该专业为林业工程学科中富有特色的后起之秀，既具有工科属性又具有设计学特色，其教学和科研亦均体现出明显的交叉学科特性。当今，家具设计与工程领域的科学技术快速发展，数字化技术与家具设计密切结合，智能制造理念迅速融入并内化于家具产业之中，技术革新不断满足人民对美好生活的向往，催生出家具数字化设计、家具数字化制造、智能家居生活等众多新兴事物。

　　未来，对林业资源的高效利用必然走上数字化、智能化的路径，家具产品的创新设计也会与数字化有更密切的关联，家具设计中的创意表达更需要与参数化设计制造实现对接。由易欣博士等青年学者和专业教师所著的《Rhino 数字化家具设计》一书诞生于数字化技术与传统制造业快速融合的大背景下，是第一部以 Rhino 平台为专题讲述数字化家具设计的著作，也是一部循序渐进、由浅入深地教授 Rhino 软件应用于家具数字化设计具体操作的教程，还是一部介绍家具产品数字化建模思想的专著。该书以 NURBS 曲面进行家具设计的基本原理为切入点，结合大量设计案例阐述了参数化家具设计的方法，并基于 Rhino 平台介绍了虚拟仿真有限元手段的应用等。智能制造是需要数字化技术提供支持的，家具设计过程中的数字化为传统制造跨入智能制造提供了更多的可能性。

　　林业工程学科的重大使命是通过科技创新将木竹秸秆等生物质资源高效地转化为家具等高品质生态产品，以满足人们不断增长的消费需求。鉴于行业向高质化、绿色化、功能化、智能化发展的趋势，相信数字化设计必然会在其中扮演越来越重要的角色。

王清文

华南农业大学教授、长江学者

2022 年 1 月 27 日

序言
2

当前 Rhino 已经成为设计师首选的设计软件，越来越多的企业将 Rhino 纳入其设计流程，将 Rhino 作为其主要的计算机辅助设计工具。与此同时越来越多即将走入社会的设计师，也会将 Rhino 作为其学习过程中首选的设计软件，并将 Rhino 作为其主要使用的计算机辅助设计软件。利用 Rhino 将自己的设计概念与草图转换为真正的产品，并不是一件容易的事情。往往需要经历多专业协同作业的复杂过程，其间数字模型会起到决定性的作用。小批量的样品模型与可大批量生成的工程模型也会存在很大的差异，这就需要以不同的工作流程匹配不同的需求。不同行业、不同设计领域的工作流程必然存在一定的差异，软件的使用也因行业差异而不尽相同。

喜闻易欣与周宁昌等老师合著的《Rhino 数字化家具设计》一书即将出版面世，我想这对家具设计行业来说无疑是一大幸事，这应该是市面上第一本专门面向家具设计行业的关于 Rhino 的书籍。二位老师身居家具设计教育一线多年，累积了深厚的教学经验。他们常年带领学生参访一线家具厂商，参与一线家具制造厂商的案例设计，积累了丰富的实际设计案例。易欣与周宁昌老师也是资深的 Rhino 用户，最早使用 Rhino 3.0 版本软件作为辅助设计工具，而到本书出版时已经使用了 Rhino 7.0 版本软件开展设计工作和教学。

本书从 NURBS 建模的原理入手，由浅入深地介绍 Rhino 曲面建模关键技术，逐一介绍了空间曲线至空间曲面的创建与编辑工具，详细地介绍了 Rhino 作为计算机辅助设计工具的合理工作流程。以设计师的角度诠释 Rhino 对于一个个设计案例所起到的辅助作用，详细地介绍了从草图开始，如何将草图转换为可以小批量加工的数字模型与渲染效果图，继而深化可大批量生产且能出图的工程模型。在这本书中二位老师将各自多年的教学与案例设计经验倾囊相授。相信无论是家具设计专业的师生或是一线的家具设计师，都会从本书中受益匪浅。

Rhino（犀牛）中国技术支持与推广中心

2022 年 1 月 5 日

前言

Rhino 是一款知名的三维设计软件，因其具有突出的曲面建模和参数化设计等功能而在工业设计和建筑设计领域广泛应用。其可直接与制造端对接，不仅可以进行高精度建模，还可以进行快速编辑。国内很多工业设计、机械类本科专业均开设有 Rhino 相关课程，因其在渲染和细分建模中的逐步优化，目前已有越来越多的家具设计、室内设计专业开始开设 Rhino 相关课程。

数字化时代的悄然到来，促使家具与室内设计行业逐渐发生令人惊喜的变化。萌生于林业工程学科的"家具设计""室内设计"等相关专业不断被赋予交叉学科和前沿学科的属性。家具的数字化设计不仅被制造企业关注，也逐渐引起学界的关注。院校开始对家具设计相关专业的计算机辅助设计课程进行改革，引入 Rhino 之后的课程教学不仅可与 CAD 等课程无缝对接，且不再局限于提升学生的三维效果图技能，真正地通过参数化设计打开了家具数字化设计的大门。目前，家具与室内设计行业缺少一本系统地介绍家具曲面建模、讲授数字化家具设计方法以及家具参数化设计的书籍。笔者团队在过去十余年的教学工作中，不断挖掘和总结 Rhino 家具设计教学经验，针对没有软件操作经验的学生，开发了能使学生获得快速提高的数字化设计课程，并经多年沉淀完成本书的写作。

本书共有六章，第一章是对软件基本原理和操作方法的总体介绍，第二章则主要介绍软件由点及线由线及面的操作技法，让学生能够快速上手。第三章以非木质家具建模为例，逐一介绍塑料家具、金属家具以及软体家具的建模技巧，通过一个个案例使学生掌握 Rhino 软件的大部分操作技能，具备家具建模的实战能力。第四章以多款不同的实木家具设计为例，详细介绍经典木质家具的建模方法，并通过案例介绍榫卯结构的建模以及复杂造型的细分建模，可让建模事半功倍。第五章介绍了基于 Grasshopper 进行参数化家具设计的若干技巧，可带同学们体验参数化设计的乐趣。第六章是选修章节，包括对渲染软件、有限元分析软件、板式家具设计知识的系统介绍，让学生可以了解家具设计、渲染及数值分析的基本要领，并掌握制图、出图、仿真分析的实战技能等。

本书中全部命令都在正文中给出了图标示意，并提示了有关的快捷键和完整命令，确保同学们依据本书就可以学到快速操作的技巧，书中所介绍的模型及建模所需参考图均可通过化学工业出版社有限公司官网（www.cip.com.cn）下载得到，此外本书还附有Rhino 中常用快捷键、命令名称及图标，可供读者朋友根据需要进行查阅。

Rhino（犀牛）中国技术支持与推广中心为本书的撰写提供了很多帮助。来自 Rhino（犀牛）中国技术支持与推广中心的陈毅敏（Simon）老师为本书提供了若干个经典案例，并完成了有关章节内容的撰写，提升了本书的质量。易欣、周宁昌、宋杰、张海秀、张涛、方庆宁、冯文静、郑志文、刘家铭、林智源、陈延泰、陈欣如、陈泽薇、豪乘鹤、张东妮、张泽航、曾格薇、杜好、邓阳丹等参与了具体章节的撰写工作。硕士研究生牛征北、梁家明和邢志栋同学在书稿的整理上投入了很多时间和精力。华南农业大学木材科学与工程、家具设计与工程专业 2017 级至 2020 级的同学们为本书的撰写做了大量的基础性准备和验证的工作。杜好提供了本书的部分封面素材，提升了全书的形象。此外，本书的出版也得到了华南农业大学林业工程学科带头人王清文教授、Rhino（犀牛）中国技术支持与推广中心的陈锡红（Jessesn）老师等多位专家的大力支持，在此一并致以真诚的感谢。

限于笔者个人能力和知识的欠缺，本书未免还存在疏漏，恳请读者朋友提出宝贵意见（作者邮箱：yixin@scau.edu.cn）。

2022 年 2 月 11 日

目录

第一章
Rhino 基本原理和操作方法介绍   1

1.1 Rhino 基本原理   1

   1.1.1 NURBS 曲面建模原理   1

   1.1.2 坐标空间   2

   1.1.3 点   2

   1.1.4 线   3

   1.1.5 面   8

1.2 Rhino 基本操作方法   9

   1.2.1 组合工具   9

   1.2.2 操作界面布局   11

   1.2.3 建模前准备   12

   1.2.4 辅助建模工具   15

   1.2.5 选择工具   18

   1.2.6 对象分析工具   19

   练习巩固   21

第二章
由点及线树立建模自信　　　　　　　　　　　　　　22

2.1　点和线的运用方法与技巧　　　　　　　　　22

　　2.1.1　点的运用方法与技巧　　　　　　　　22

　　2.1.2　线的运用方法与技巧　　　　　　　　24

2.2　点与线的综合利用　　　　　　　　　　　27

　　2.2.1　快速上手——铁艺小边几建模　　　　27

　　2.2.2　牛刀小试——金属靠背椅建模　　　　31

2.3　提升自信——渲染和出图方法　　　　　　34

　　2.3.1　渲染方法　　　　　　　　　　　　　35

　　2.3.2　矢量出图法　　　　　　　　　　　　40

　　练习巩固　　　　　　　　　　　　　　　　42

第三章
巧用工具进行非木质家具建模　　　　　　　　　43

3.1　塑料家具造型设计　　　　　　　　　　　43

　　3.1.1　概述　　　　　　　　　　　　　　　44

　　3.1.2　瓢虫凳设计案例　　　　　　　　　　49

3.2　金属家具造型设计　　　　　　　　　　　57

　　3.2.1　概述　　　　　　　　　　　　　　　58

　　3.2.2　金属联排座椅设计案例　　　　　　　58

3.3　软体家具设计案例　　　　　　　　　　　66

　　3.3.1　胶囊沙发建模案例　　　　　　　　　67

　　3.3.2　巴塞罗那椅　　　　　　　　　　　　75

　　练习巩固　　　　　　　　　　　　　　　　84

第四章
掌握方法拿下实木家具建模　　　　　　　　　85

4.1　概述　　　　　　　　　　　　　　　　85

　　4.1.1　实木家具造型特色　　　　　　　85

　　4.1.2　实木家具工艺特点　　　　　　　85

4.2　方背椅建模　　　　　　　　　　　　　86

　　4.2.1　椅座　　　　　　　　　　　　　87

　　4.2.2　穿带　　　　　　　　　　　　　87

　　4.2.3　抹头　　　　　　　　　　　　　88

　　4.2.4　大边　　　　　　　　　　　　　90

　　4.2.5　联帮棍　　　　　　　　　　　　92

　　4.2.6　后腿　　　　　　　　　　　　　92

　　4.2.7　前腿　　　　　　　　　　　　　93

　　4.2.8　靠背板　　　　　　　　　　　　94

　　4.2.9　搭脑　　　　　　　　　　　　　94

　　4.2.10　扶手　　　　　　　　　　　　96

　　4.2.11　矮老　　　　　　　　　　　　97

　　4.2.12　罗锅枨　　　　　　　　　　　99

　　4.2.13　步步高枨　　　　　　　　　　100

　　4.2.14　下横枨　　　　　　　　　　　101

　　4.2.15　脚踏　　　　　　　　　　　　102

　　4.2.16　组合拼装　　　　　　　　　　103

　　4.2.17　小结　　　　　　　　　　　　103

4.3　多宝阁建模　　　　　　　　　　　　　103

　　4.3.1　参考图导入　　　　　　　　　104

4.3.2 框架建模   104

4.3.3 门板建模   110

4.3.4 底座制作   113

4.3.5 侧板、背板制作   114

4.3.6 小结   116

4.4 SubD 细分曲面建模   116

4.4.1 SubD 建模原理   116

4.4.2 SubD 建模基础操作介绍   117

4.4.3 SubD 建模案例尝试   118

4.4.4 小结   124

练习巩固   124

第五章
转换思维搞定家具参数化设计   125

5.1 概述   125

5.1.1 参数化设计概念   125

5.1.2 参数化设计理论基础   126

5.1.3 参数化设计在现代家具中的应用   127

5.2 参数化设计建模技术   128

5.2.1 可视化编程类参数化建模技术   129

5.2.2 Grasshopper 介绍   129

5.2.3 Grasshopper 优势   130

5.2.4 Grasshopper 应用演示   131

5.3 曲线干扰在家具参数化设计中的应用   134

5.3.1 曲线干扰特点与建模思路   134

5.3.2 屏风建模   135

5.4　波浪纹理在家具参数化设计中的应用　139

　　5.4.1　波浪纹理特点与建模思路　139

　　5.4.2　凳子建模　140

5.5　生长曲线在家具参数化设计中的应用　144

　　5.5.1　生长曲线特点与建模思路　144

　　5.5.2　边几建模　145

5.6　本章小结　148

　　练习巩固　148

第六章
相关软件或插件的运用　150

6.1　渲染软件 KeyShot　150

　　6.1.1　KeyShot 操作界面布局　150

　　6.1.2　KeyShot 快速渲染　152

　　6.1.3　塑料的材质特点与渲染方法　153

　　6.1.4　金属的材质特点与渲染方法　157

　　6.1.5　皮革的材质特点与渲染方法　159

　　6.1.6　木材的材质特点和渲染方法　165

6.2　有限元分析软件　170

　　6.2.1　有限元分析软件 Scan&Solve 的安装　171

　　6.2.2　有限元分析的基本思路和操作步骤　172

　　6.2.3　有限元分析在家具设计中的应用实例　173

6.3　板式家具设计 R5 插件　177

　　6.3.1　板式家具设计专用插件 R5 介绍　177

　　6.3.2　入门鞋柜、收纳柜、玄关混合设计案例　180

　　6.3.3　衣柜、书桌、书柜、床混合设计案例　185

6.3.4　多功能木房间设计案例　　　　　　　　　188

6.4　本章小结　　　　　　　　　196

附录 1
Rhino 中常用快捷键一览表　　　　　　　　　197

附录 2
Rhino 中常用命令名称及图标　　　　　　　　　198

附录 3
Grasshopper 插件中常用命令名称及图标　　　　210

参考文献　　　　　　　　　211

Rhino

第一章

Rhino 基本原理和操作方法介绍

学习 Rhino 数字化家具设计首先需要了解 Rhino 的基本原理和操作方法。本章是入门章节，希望通过学习本章的内容，读者朋友们能够理解 Rhino 软件建模的内在原理和操作逻辑，掌握建模辅助工具和分析工具，做好案例练习的准备。

1.1
Rhino 基本原理

1.1.1　NURBS 曲面建模原理

当前主流的建模方式分为多边形建模和 NURBS（Non-Uniform Rational B-Splines）建模两种。两者互有优劣，互为补充。

多边形建模易于修改，通过细分增加网格面的方法可以将直线和平面近似模拟成曲面，常用于效果表达如效果图、影视动画等领域。

NURBS 的全称 Non-Uniform Rational B-Splines 的中文直译为非均匀有理 B 样条。NURBS 曲面建模是一种将数据可视化的建模方式，任一点线面都可以通过有理多项式形式的表达式来定义，然后通过像 Rhino 这样的软件进行可视化表达。实际上我们在 Rhino 中使用的所有指令都是对背后数据的生成、修改或运算，这就是 NURBS 建模的原理。

正是因为NURBS建模的数据优越性，使得Rhino在保持软件轻量化的同时，能够快速与其他图形表达方式进行数据交换，将Grasshopper、Python等参数化建模插件兼容进来（图1-1）。这也给家具设计领域带来了数字化的设计方法，一种全新的设计表达途径。

(a) Grasshopper编译语言   (b) Python编译语言

图1-1　Rhino兼容的参数化建模插件

不同于多边形建模，NURBS曲面建模旨在准确表达物体的形态及用于对接生产。在Rhino中生成的曲面和实体可以与工程软件（如Creo和SolidWorks）进行数据交换，如在Creo中抽壳进行进一步的加工生产。

1.1.2　坐标空间

坐标描述了一个物体在空间中的位置，我们常把空间根据X轴、Y轴、Z轴进行划分。在Rhino中所有构建形体的操作都发生在这个坐标空间当中。

空间中任意一个位置均可用坐标（x，y，z）表示，其中X轴与Y轴构成XY平面，同理可以确认YZ平面、XZ平面。在Rhino的使用中，我们一般会默认将操作锁定在XY平面，即打开"平面模式"，这样可以使画线等操作保证落在XY平面。

坐标空间有两种，一种是世界坐标，另一种是工作平面坐标。前者如图1-2所示，XY平面为水平面，Z轴为垂直方向，原点即为O点。后者如图1-3所示，工作平面是为了方便用户在斜面上进行操作而产生的，用户可以在世界坐标平面的基础上自定义一个工作平面来提高工作效率。用户可以运用工作平面工具栏中的工具进行自定义。

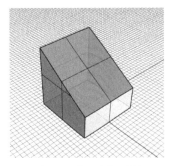 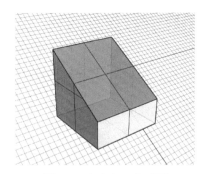

图1-2　世界坐标平面   图1-3　自定义工作平面

1.1.3　点

Rhino中的点主要包括三种：物件点、控制点（即cv点）、编辑点（即ev点），图1-4

所示为不同类型点之间的差别。

① 物件点　Rhino 中的点物件是最小的基本物件，每一个点都是一个独立的物件，与其他物件没有任何联系。

② 控制点（cv 点）　控制点是依附于线或者单一曲面存在的，所有的线和单一曲面都存在控制点，控制点通常用于调整线条和曲面的曲率和造型。快捷键 F10 可快速开启控制点显示，F11 关闭。

③ 编辑点（ev 点）　编辑点是线条通过的且准确存在于线条上的点。

图 1-4　不同类型点之间的差别

1.1.4　线

（1）NURBS 曲线的基本原理

Rhino 中最适合通过 NURBS（非均匀有理 B 样条）对曲线建模。

样条的概念源于生产实践。如图 1-5 中 a、b、c 三个点为钉在板上的钉，用一条有弹性的金属软条穿过三个点，金属软条将形成圆滑的曲线，生产中沿着金属曲线切割，可得到曲线造型的产品，故形成曲线的金属软条叫样条。像早期的家具加工，在没有数控的条件下，要做造型，很多产品就是这样加工的，此工艺叫作打样，因此在设计行业打样这个词就保留下来了。

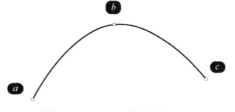

图 1-5　NURBS 曲线基本原理

下面以一般 2 阶曲线为例说明 Rhino 中曲线的生成原理：

如图 1-6 所示，将 ab、bc 直线等分 3 份，连接 ab 上第 2 点与 bc 上第 2 点得到新直线，并将其等分 3 份，取第 2 点，为 P_1。

如图 1-7 所示，同上，连接 ab 上第 3 点与 bc 上第 3 点得到新直线，并将其等分 3 份，取第 3 点，为 P_2。

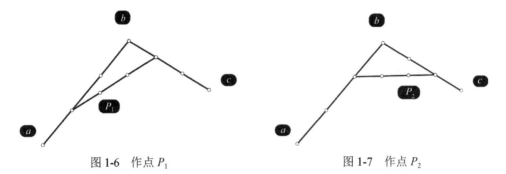

图 1-6 作点 P_1 图 1-7 作点 P_2

这样就可以得到图 1-8 所示的 P_1、P_2 两点，以及用于曲线验证的辅助框架。

在 Rhino 中，用曲线命令，通过 a、b、c 三个控制点，作出如图 1-9 中的曲线 ac。

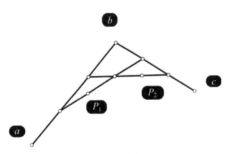

图 1-8 NURBS 曲线验证辅助框架

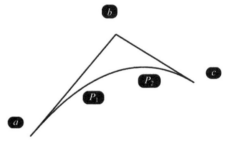

图 1-9 作出曲线

将曲线验证辅助框架和曲线重合，可以看到 P_1、P_2 刚好也在曲线上，如图 1-10 所示。

连接 a、P_1、P_2、c 点，可以看到通过多重直线（多重直线为连接 3 点或 3 点以上的一条线）的拟合，可以近似地描绘曲线的形状，事实上只要细分得足够多，a，P_1，P_2，P_3，…，P_n，c，把点连接起来就是曲线。因为曲线上的点，有很直观的数学逻辑，因此曲线可被数字化（实际上是多项式曲线）。

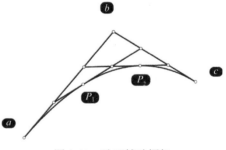

图 1-10 验证辅助框架

（2）曲线的点数和阶数（Degree）

例如有多项式曲线 $y=3x^2-2x+1$，其阶数即 x 的最高次方，$3x^2$ 的最高次方为 2，故为 2 阶曲线，从前面的 2 阶曲线原理，可以形象地看到 2 阶曲线至少需要 3 个控制点。实际上，任意阶数曲线控制点的最少数量 = 阶数 +1。

但是要注意，控制点数 −1= 阶数是不一定成立的。如一条 30 个控制点的曲线，便是 29 阶，$a_1x^{29}+a_2x^{28}+\cdots$，计算量非常大。故引入跨距（Span）。

例如当二阶曲线有 4 个控制点时，曲线上就会有两个跨距，如图 1-11 所示。本质上由两条二阶曲线组成，每个跨距为一条曲线。

Rhino 中目前最高支持 11 阶，阶数越高，曲线越光滑。只有一个跨距的曲线建模质量好。图 1-11 中的曲线有 4 个控制点，若用 3 阶曲线更光滑，生成的曲面质量更好。

（3）线的分类及区别

Rhino 中的线有两种，分别是直线和曲线，而直线又分单一直线和多重直线。

（4）直线

单一直线：单一直线就是最基础的 2 点 1 阶线条，即最简单的两点连线。

多重直线：顾名思义，多重直线是由多段单一直线首尾相接形成的折线。通过组合和炸开命令可以在多重直线和多条首尾相接的单一直线之间切换，在后续建模操作中，常常会通过先画多重直线，再炸开直线进行曲线混接的操作。

分别绘制一条单一直线、多重直线，并炸开多重直线，打开控制点观察。

如图 1-12 所示，一条多重直线炸开后，构成数条单一直线。

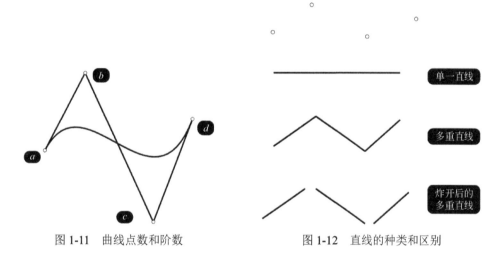

图 1-11　曲线点数和阶数　　　　　图 1-12　直线的种类和区别

（5）曲线

曲线是 NURBS 建模的精髓，一条曲线最重要的两个因素：始末点；点数和阶数。

始末点：NURBS 曲线数据记录一条曲线的形式是从起始点到终点，可以通过显示曲线端点工具 ✎ 来查看，如图 1-13（b）、图 1-13（e）。图 1-13（a）所示封闭曲线的始末点是共用的，相当于将图 1-13（d）开放曲线的起点和终点重合起来。也是由于始末点的存在，由封闭曲线形成的曲面存在始末边。

点数和阶数：点数和阶数与线条的质量和可调程度紧密相关。用重建曲线命令 ▦ 可以查看一条曲线的点数和阶数，如图 1-13（c）、图 1-13（f）所示，可分别查看封闭曲线和开放曲线的点数和阶数，即小括号内为原点数和原阶数，查看后关闭即可，无须确认。

曲线的质量将会影响最终成面的质量，因此，曲线的质量有重要意义。一条优质的曲线应该具备以下条件：

① 能准确表达形态，即以能达到最终效果为第一目的。再优质的曲面，如果不足以描绘形态，那么都是没有意义的。只有在能保证形态表达准确的前提下，研究面的质量才有意义。

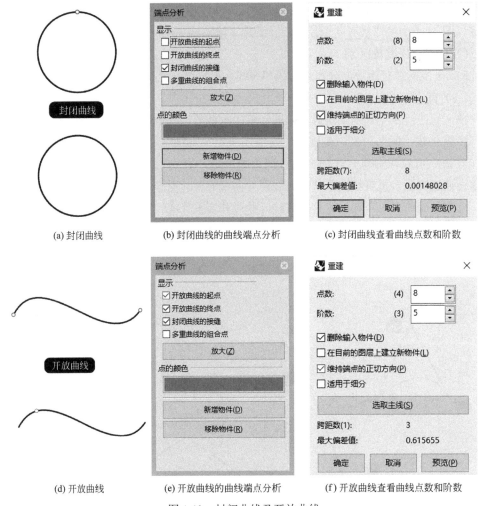

(a) 封闭曲线	(b) 封闭曲线的曲线端点分析	(c) 封闭曲线查看曲线点数和阶数
(d) 开放曲线	(e) 开放曲线的曲线端点分析	(f) 开放曲线查看曲线点数和阶数

图 1-13　封闭曲线及开放曲线

② 跨距线尽可能少，即阶数确定的情况下，点数尽可能少。点数减少意味着记录曲线的数据的冗余越少，曲线也就越光滑。最优的曲线为单跨距曲线，即点数比阶数多 1 的曲线，也称为贝塞尔曲线（Bézier curve），这种曲线是 Rhino 曲线中最顺滑的。在工业产品的表达中，曲面的顺滑程度会对模具的顺滑程度产生一定的影响。

根据长期的建模经验总结，笔者推荐在能准确描绘形体特征的前提下，按照以下原则绘制曲线来提高曲线的质量：

① 优先使用单数阶数，因为双数阶数的曲线一方面存在数据存储问题，另一方面双数阶数的曲线具有单数点，最中间的点调整时容易受两边影响，不利于造型的精准把控。

② 优先使用 3 阶和 5 阶的贝塞尔曲线，即 4 点 3 阶曲线和 6 点 5 阶曲线，因为这种曲线的线条最为流畅且可调整程度较高。如果 4 点 3 阶和 6 点 5 阶曲线不足以描绘形体特征时，推荐在 5 阶的基础上增加点数来提高线条的造型描绘能力，不必纠结于贝塞尔曲线的绘制，5 阶曲线的顺滑度已经能够满足日常工业生产需求。一味地追求贝塞尔曲线并不可取，实际建模过程中，8 点 5 阶曲线和 8 点 7 阶曲线的误差是极小的。若一味提高

阶数会导致更多的数据冗余，增加电脑运算和存储负担。

（6）线的连续性

Rhino 中的 NURBS 曲线不是单一存在的，两条线段的连续性是 Rhino 学习中的重点和难点。理解线连续的曲率原理，能为后续的学习打下基础。

如图 1-14 绘制一条 8 点 5 阶的线段，并打开控制点，我们按照从两端向中间排序的方法给控制点命名，即 G0，G1，G2，G3，…，一直延续下去。在不涉及高精度曲面建模的时候，我们一般只考虑前三个点，即 G0、G1、G2 这三个点。

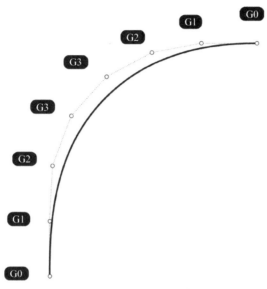

图 1-14 曲线控制点的命名

认识了一条线的控制点命名规则，我们来看两条线的连续性。绘制如图 1-15（a）所示多条 4 点 3 阶曲线，并打开控制点和曲率图形，如图 1-15（b）所示，两条曲线存在以下关系：

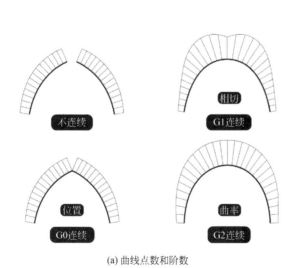

(a) 曲线点数和阶数

(b) 曲率图形分析窗口

图 1-15 曲线点数和阶数

① 不连续　即两条线首尾不相连。

② 位置　两条线段首尾相连，会形成图中所示的曲率连接形状，每条线的第一个控制点是重合的，但曲率图形并不连续，这种我们称为 G0 连续。

③ 相切　如图所示，两条线段的 G0、G1 控制点都在一条直线上，在 Rhino 中称为相切。两条相切的线段形成的曲率图形是相互连接的。

④ 曲率　曲率指 G2 之前的控制点，按照贝塞尔曲线生成的规则相连接，也称为根据曲率连接，此时的两条曲线可以看作是由一条贝塞尔曲线剪开形成的，是完全顺滑的。

1.1.5　面

（1）面的基本原理

Rhino 中的面是由线形成的，因此 Rhino 中曲面的性质主要由成面曲线和成面方法决定。一方面，曲面性质继承于生成该曲面的曲线；另一方面，曲面性质由曲面生成方式决定。

如图 1-16（a）中挤出成形和标准放样形成的曲面看似相同，但两个曲面的控制点数量和分布是不同的，需要根据建模需要来选择成面的形式。

UV 方向是曲面的重要性质之一，用重建命令可以看到一个面的 UV 方向，红色即 U 方向，绿色即 V 方向。如图 1-16（b）所示，通过重建命令还可知 UV 方向上的点数及阶数。因此可以把面生成的原理解释为，由点向 V 方向生成线，再由线向 U 方向生成面。

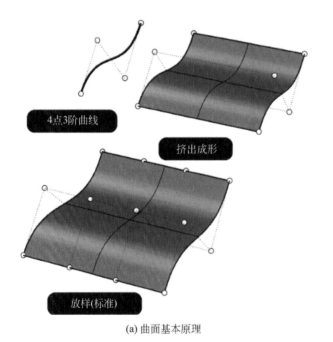

(a) 曲面基本原理

(b) UV方向上的点数及阶数

图 1-16　曲面基本原理

（2）退化边

退化边是 Rhino 建模中的重点误区之一，理解退化边可以在后续学习过程中少走弯路。曲面主要是四边成面，其他三边成面（图 1-17）、二边成面（图 1-18），均是四边成面的退化形式（即一个方向的 G0 点都收缩到了同一点）。也可理解为原本四边面的其中一条边上的每一个控制点，都汇聚到了一起。

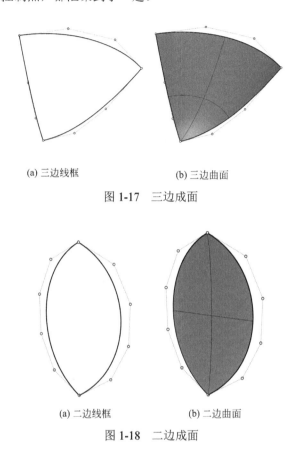

(a) 三边线框   (b) 三边曲面

图 1-17　三边成面

(a) 二边线框   (b) 二边曲面

图 1-18　二边成面

二边成面、三边成面不利于后期建模，因为有一个方向的控制点重合到了一起，导致电脑无法识别该面的形成方向和点的分布方向。建模时尽量采用四边成面。如果用二边成面、三边成面，在混接曲面时，退化边会出现问题。

1.2
Rhino 基本操作方法

1.2.1　组合工具

（1）图层

图层是一种对几何单元物体的组合管理形式，使用图层方便用户对各个几何物体进行区分和控制。用鼠标右键单击图层，会弹出图层的各个功能。如图 1-19 所示，用户可以根据需求设置物体材质、显示的颜色、打印的颜色和线宽、锁定或解锁物体等。使用图层功能，有利于更好地管理文档中不同的部件，提高建模效率。

图层				材质	线型	打印线宽
˅ 绘制图层		♀	🔓 ■		Continuous	◆ 默认值
历史模型		♀	🔓 ■		Continuous	◆ 默认值
历史线框		♀	🔓 ■		Continuous	◆ 默认值
背景图		♀	🔓 ■		Continuous	◆ 默认值
图层 01		♀	🔓 ■		Continuous	◆ 默认值
图层 02		♀	🔓 ■		Continuous	◆ 默认值
图层 03		♀	🔓 ■		Continuous	◆ 默认值
图层 04		♀	🔓 ■		Continuous	◆ 默认值
图层 05		♀	🔓 □		Continuous	◇ 默认值

图 1-19　图层管理

Rhino 中图层是允许嵌套的，即图层中有子图层。

图层常用在控制物体的显示管理上，如室内设计时，所有家具放在一个图层上，所有水电配置都放在一个图层上，所有配饰放在一个图层上，但一些配饰又跟某家具成为一组。选择家具时，因家具与它上面的配饰是一组，所以能当作一个整体选择。当把水电图层、配饰图层都隐藏后，就剩下所有家具。使用图层工具有利于不同层次内容的管理。

（2）组

组与图层本质上是同一原理，均是对几何单元物体的组织管理，但是在应用层面上有比较大的不同。组是把数个物体归为一组，在选择的时候，单击任意一部分，即可以选择整个组的物体。另外，也可以通过组去选择物体。

依次单击"编辑→群组"即可看到组的相关功能。

🞰群组：数个物体归为一组。

🞰取消群组：将数个物体形成的组拆开为单个物体。

🞰加入至群组：将一个或多个物体加入已有的组中。

🞰从群组中移除：将一个或多个物体从已有的组中移除。

🞰设置群组名称：如果不同组在模型上重叠在一起，此时用户可以设置群组名称，当光标悬浮在高度重叠的模型上时，会弹出各组名，以方便用户选取。

（3）块

块与组，直观上很类似，选择时，都是选择一个整体，但本质上完全不同。将一个或数个物体对象创建为块定义，当插入块物体或复制更多块物体时，所有块物体，都可视为块定义的影子。块可以节省存储空间，特别是相同的块物体数量很多时。而且当修改块定义时（如修改物体的造型），所有的块物体（影子）都会跟着改变，极大地提高修改效率。

依次单击菜单栏中"编辑→图块"即可看到图块的功能，如图 1-20 所示。

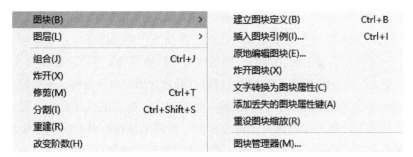

图 1-20　图块管理

① 建立图块定义　将一个图块进行命名并且表述。

② 插入图块引例　引用已建立好的图块，即使该图块已在视图区被移除。

③ 炸开图块　将一个图块分割成多个曲面。例如将一个立方体炸开成六个面。

④ 图块管理器　用户可查看已建立的图块的属性、数目，单独将该图块导出为 Rhino 文件等。

1.2.2　操作界面布局

Rhino 软件工作界面主要由标题栏、菜单栏、命令行、工具栏、视图区、状态栏等组成，如图 1-21 所示。

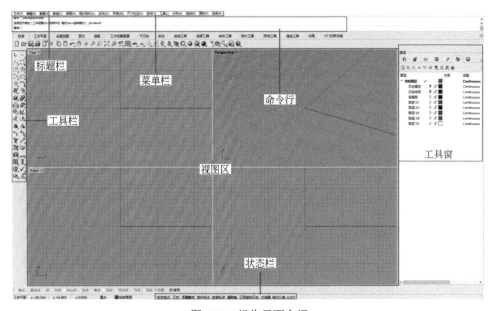

图 1-21　操作界面介绍

① 标题栏　标题栏位于主界面顶部，用于显示当前运行 Rhino 文件名和文件信息，单击最右侧的三个按钮，分别可使文件最小化、最大化以及关闭程序。

② 菜单栏　位于主界面。打开菜单栏选项卡的下拉菜单有两种方式，第一种是单击选项卡；第二种可以在按 Alt 键的同时，按下选项卡对应的字母（如按 Alt+F，即可打开

文件选项卡）。

③ 命令行　命令行位于菜单栏下方，用于引导用户完成操作，可以显示当前命令状态、提示下一步操作、输入相关参数、提示操作失败原因等。执行"工具（Alt+L）→指令集→指令历史"命令或者按下 F12 键，可以打开包含历史命令及提示信息的对话框。

④ 工具栏　工具栏位于操作界面左侧，几乎包含了所有的操作命令。对于右下方有三角形的图标按钮，将光标悬浮在图标上片刻，将显示该图标对应的功能信息，根据提示单击左键或右键可以执行提示的功能，单击小三角形按钮便可以弹出相关工具列表。

⑤ 视图区　视图区在操作界面上占最大部分，是 Rhino 的主要工作区域，该区域显示视图标题、背景、模型和坐标轴。在默认情况下，视图区被切分为四块，从左到右，从上到下的顺序依次为：Top（顶视图）、Perspective（透视图）、Front（前视图）、Right（右视图）。在视图中进行操作时，左上方的视图标题图标会变为蓝色。单击下拉选项，可以将视图设置为不同模式（线框模式、着色模式、渲染模式等）。

⑥ 状态栏　状态栏位于操作界面最下方，可以显示光标位置、图层信息、状态面板。对各个选项单击右键，可以进行下一步的设置。下面对状态栏的各状态进行解释说明：

a．锁定格点　光标只能在视图区的网络格点上移动，格点间距可以通过"工具（Alt+L）→选项→文件属性→单位→格线"进行设置。

b．正交　光标只能在指定角度上移动，Rhino 默认为 90°，按住 Shift 键可以快速启用和停用。

c．物件锁点　当光标位于模型的各种节点时，会自动弹出"端点""中心点"等信息，有助于帮助用户进行更加精确的建模，建模时可以按住 Alt 键进行临时关闭或开启的快速选择。

d．智慧轨迹　该选项有助于用户智能地捕捉端点，在绘制线条时更加便捷。

e．操作轴　打开操作轴后，当用户选择模型的点物件、曲线、曲面时，有助于用户进行移动和缩放物体操作。

f．记录构建历史　该选项可以记录点、线、面的生成过程，记录生成物的变化过程并反映到被生成的物体，如"旋转成形"选项，通过改变旋转的曲线可以实时调整生成曲面的形态。

1.2.3　建模前准备

建模前需要设置一些参数，为后期建模做好准备。千万不要忽略这些准备工作，因为准备工作往往可以为我们规避一些麻烦的问题，避免后期反复工作，提高效率。

（1）设置单位

① 模型单位　在工具选项中可以设置文件的属性，一般设置模型单位和格线。在"工具→选项→文件属性→单位→单位和公差"里修改模型单位，下拉框里有很多单位可供选择。一般家具和一些细小物件建模以毫米为单位，工业设计中的汽车级别产品选择厘米，建筑物的建模则选择米。在本书中如无特殊说明，家具的尺寸无标明单位，均默

认以毫米为单位。

② 绝对公差 绝对公差设定代表两个物件的间距在多少以内可以被视为是足够接近的，足够接近可以让两个曲面或曲线互相组合。使用低精度公差可以让计算时间与文件量大幅减少，但要牺牲模型精确度。这也是为什么设定公差是需要一些经验的，因为公差总是妥协后的结果。例如进行家具设计时（可能有些细节大小接近 1.0mm 范围）系统公差只要设定成 0.1mm 可能就足够了。然而，对同一家具的某些细节而言，可能 0.01mm 的公差都还不够。对某些工业产品建模来说，部分机器内部的机电装置或轴承表面，甚至会要求到 0.001mm 或 0.0001mm 的系统公差。有一个公差设定规则：比工作流程中最小要求的公差再小一些（例如 1/10），或是比最小的模型细节再小一些。

③ 角度公差 角度公差可以决定 Rhino 两条曲线或曲面之间有多少角度公差可作为正切（tangent）的依据。例如预设值为 1 度，则当物件间的正切角度小于该设定值，两物件即视为正切，对精细建模这是较大的设定值，曲面在 1 度的公差值内依然容易产生明显的褶皱或线，可改设定 0.1 度或更小的设定值。

公差应该在开始建模之前设定好，虽然可以在建模过程中变更公差设定，但物件若是在之前使用较低的公差建模的，当提高公差时并不会自动修复所有物件公差至较高的精度。提前设置好公差可以尽量避免模型完成后有问题或有不精确的地方，防止在最后的阶段变得非常难修复，避免花费更多时间重建模型。

（2）设置格线

网格线中可以设置格线属性，包括总格数、子格线间隔、主格线间隔，如图 1-22 所示。我们在建模前应考虑模型的单位并设置相对合理的格线，避免模型超出格线。当然，如果不需要格线辅助建模就另当别论。

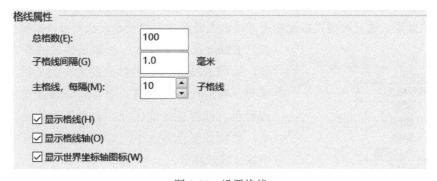

图 1-22　设置格线

（3）网格

关于网格，如图 1-23 所示，Rhino 提供两种标准设置：粗糙、较快，平滑、较慢，另外还有自定义设置，自定义可以使用详细控制项。"粗糙、较快"是渲染网格的预设值，适合一般目的的视觉化。"平滑、较慢"则提供更高分辨率，但渲染时间较长。使用者只需要了解并能够设置复杂一点的设定，便能依据自己的需求，拥有最大的弹性来做网格设定。

图 1-23 设置网格

（4）工具列

在 Rhino 选项中工具列里可以自己勾选要显示的工具列，如图 1-24 所示，对工具列显示进行设置，如图标大小、停靠位置与形式等，设置一个自己习惯的工具列可以提高工作效率。除了系统默认的工具列外，也可以自己导入工具列文件进行替换，如图 1-25 所示。

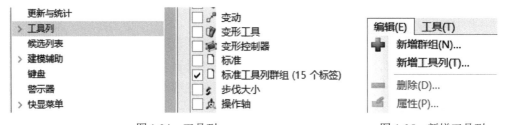

图 1-24　工具列　　　　　　　　　　　　　　图 1-25　新增工具列

（5）显示模式

在 Rhino 中，关于视口的显示模式有许多种，一般情况下我们最常用的是线框模式、着色模式和渲染模式。线框模式一般用在最初搭建框架时观察曲线框架；着色模式可以让我们清楚看到曲线生成面后的效果；而渲染模式则更为直观，让我们看到整个模型成形的效果。这三种模式搭配使用可以大大提升我们的效率。我们可以根据自己的需求在 Rhino 选项中对这三种显示模式的参数进行设置，如图 1-26 所示，例如点的大小、形状，线的宽度等，特别地，着色模式中可以分别设置正面和背面颜色，以便更好地区分。合理恰当的设置显示模式，如物件颜色、大小，可以让我们在长时间工作中减少视觉疲劳。

图 1-26　设置显示模式

（6）文件

模板文件指的是将 Rhino 选项中的所有设置，包括工具列、显示模式、视口格局布置等一系列参数形成一个模板，我们可以在设置好所有格式后保存文件，然后在模板文件默认值中找到我们保存的文件，勾选"当 Rhino 启动时使用这个文件"，打开后即设置成功，下一次打开 Rhino 就会启动我们设置好的模板布局。

在文件中还有一个重要的设置，即自动保存，在建模过程中有时候因为各种原因可能会出现文件未保存、被卡退等文件丢失问题，此时我们可以在 Rhino 自动保存路径文件夹中找回最后一次自动保存的文件，减少损失。当然，前提是你提前设置好保存间隔时间，自动保存文件位置。这些设置可以帮助我们在发生意外时找回丢失文件。为了避免不必要的重复工作，我们在建模过程中还是要自己有意识地在一些计算量大的操作前保存文件，养成这种好的习惯可以让我们的工作效率更高（图 1-27）。

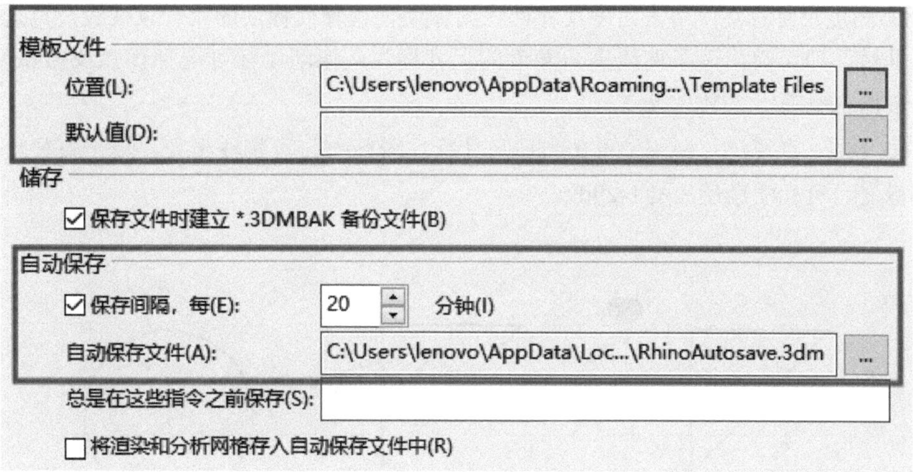

模板文件		
位置(L):	C:\Users\lenovo\AppData\Roaming...\Template Files	...
默认值(D):		...

储存
☑ 保存文件时建立 *.3DMBAK 备份文件(B)

自动保存		
☑ 保存间隔，每(E):	20 ⇅ 分钟(I)	
自动保存文件(A):	C:\Users\lenovo\AppData\Loc...\RhinoAutosave.3dm	...

总是在这些指令之前保存(S):

☐ 将渲染和分析网格存入自动保存文件中(R)

图 1-27　设置文件

1.2.4　辅助建模工具

（1）隐藏

单击图标💡，再选择要隐藏的物件，单击鼠标右键即可隐藏该物件。当视口物件过多影响视线和操作时，可隐藏部分物件，方便操作。

（2）锁定物件

单击图标🔒，再选择要锁定的物件，单击鼠标右键即可锁定。物件被锁定后将不能进行操作，避免误点，如图 1-28 所示。

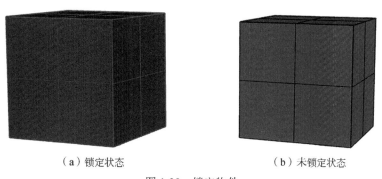

（a）锁定状态　　　　　　　　（b）未锁定状态

图 1-28　锁定物件

（3）尺寸标注

① 直线尺寸标注　单击直线尺寸标注图标，选择要标注直线的第一个点，然后再选择第二个点，即可得到标注，得出该直线长度。建模时如果忘记了某一尺寸数据，就可借助该工具得到准确数据（图 1-29a）。

② 对齐尺寸标注　单击对齐尺寸标注图标，选择要标注的斜线的第一个点，然后再选择第二个点，即可得到标注（图 1-29b）。对齐尺寸标注可用于水平线、垂直线和斜线的标注，而直线尺寸标注只能用于水平线或垂直线的标注，不能用于斜线的标注。

③ 角度尺寸标注　单击角度尺寸标注图标，选择要标注的第一条曲线，再选择第二条曲线，即可得出两条曲线夹角角度的尺寸标注。拖动鼠标可选择优弧或劣弧尺寸，单击鼠标左键确认（图 1-29c）。

④ 半径/直径尺寸标注　单击半径尺寸标注图标，可标注半径，单击直径尺寸标注图标，可标注直径（图 1-29d）。

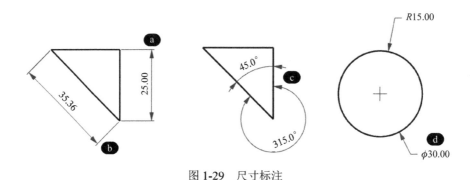

图 1-29　尺寸标注

（4）记录建构历史

当你在视口中创建出一条曲线后，在状态栏中单击"记录建构历史"，此时该曲线为输入物件，镜像该曲线后得到输出物件，此时你调整输入物件，镜像的曲线会自动跟着调整，你可以实时观察调整，直至达到你满意的效果，如图 1-30 所示。

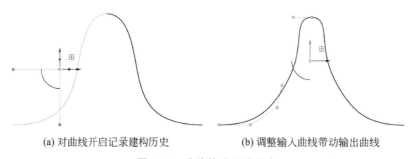

(a) 对曲线开启记录建构历史　　(b) 调整输入曲线带动输出曲线

图 1-30　曲线构建记录历史

同理，输入物件为曲面或实体时，该命令一样适用。

除了镜像物体对其进行实时调整外，记录建构历史也适用于许多建立物体的命令。如当你创建一条曲线，此时开启记录建构历史，挤出该曲线后，生成的曲面为输入物件（曲线）对应的输出物件，调整控制输入物件可以使得输出物件得到相应的改变，如图 1-31 所示。

(a) 对曲面开启记录建构历史　　　　(b) 调整输入曲线带动输出曲面

图 1-31　曲面构建记录历史

同理，当曲面作为输入物件时，挤出的实体即为输出物件，一样适用于该命令。

以潘顿椅为例，椅子模型是左右对称的，当搭建好左半边框架后，开启记录建构历史，镜像得到右半边框架，此时可以实时调整左半边框架以实时观察椅子的整个框架。

（5）炸开与组合

含有子元素的物件都可以利用炸开命令 ✔ 炸开，在绝对公差内的同一元素物件可以进行组合 ✔。

下面利用圆角矩形进行说明：如图 1-32 所示，单击矩形 □，输入圆角（R）、中心（C），在原点绘制出一个圆角矩形，此圆角矩形相当于矩形四边都进行倒角。

如图 1-33 所示，我们对它进行挤出 ▣，分割正切点（P）＝是，我们可以看到挤出来的面会在倒角正切处都出现始末边。

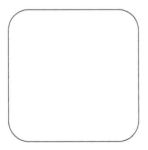

图 1-32　绘制一个圆角矩形

图 1-33　对曲线进行挤出

这样我们利用炸开命令 ✔，可以炸开这个面，获得它的子元素多个面，如图 1-34 所示。为了视觉效果直观，图中显示为炸开并移动后的效果，正常使用炸开命令子元素并不会产生位置变化。炸开后我们还可以选取所有子元素面重新进行组合 ✔。

（6）设置 X、Y、Z

单击设置 XYZ 坐标 ▦（也称拍平命令），会弹出一个小窗口来设置 X、Y、Z。它是将选中的控制点和目标物件的对应坐标轴位置对齐。如图 1-35（a）所示，选择控制点设置 X、

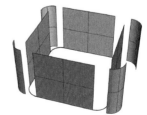

图 1-34　炸开曲面

Y、Z。如 1-35（b）所示，选择"设置 X"，并选择"以世界坐标对齐"后，此时你需要选中目标对齐对象，选中后该控制点就会对齐到相应位置，可以根据不同视图进行观察。

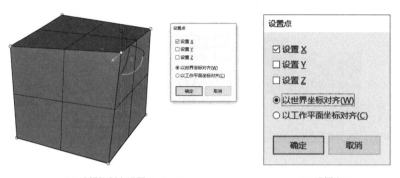

(a) 选择控制点设置X、Y、Z (b) 设置窗口

图 1-35　设置 X、Y、Z

另外，"以世界坐标对齐"是指一般情况下坐标轴显示的 X、Y、Z 方向，而"以工作平面坐标对齐"则需要先设置工作平面。

1.2.5　选择工具

（1）框选

单击左键拖动鼠标从左往右框选，只能选中完全被框选的物体，如图 1-36 所示。鼠标从右往左框选，即便没有全部框住的物体也会被选中，如图 1-37 所示。

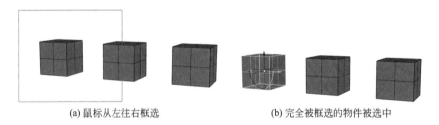

(a) 鼠标从左往右框选   (b) 完全被框选的物件被选中

图 1-36　从左往右框选

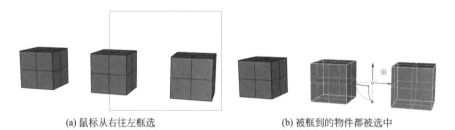

(a) 鼠标从右往左框选   (b) 被框到的物件都被选中

图 1-37　从右往左框选

（2）全选

单击全部选取图标 可选中视口中所有物体，如图 1-38 所示。

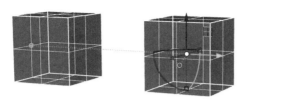

图 1-38　全选

（3）反选

选中一物件，单击反选图标即可选中除一开始选中物件外的其余所有物件。

（4）选取点

单击选取点图标选取视口中所有点，如图 1-39（a）所示。

（5）选取曲线

单击选取曲线图标选取视口中所有的曲线，如图 1-39（b）所示。

（6）选取曲面

单击选取曲面图标选取视口中所有的曲面，如图 1-39（c）所示。

(a)选择点　　　　　　　(b)选择曲线　　　　　　　(c)选择曲面

图 1-39　选择点、曲线、曲面

1.2.6　对象分析工具

（1）曲率工具

用鼠标左键单击，选择要显示曲率图形的物件，就可通过曲率梳分析曲线的曲率。那么曲率图形代表什么含义呢？曲率图形的密度表示曲线弯曲程度，曲线越弯（切点半径越小），曲率图形越密集；方向表示该切点法线方向；长短表示曲率值大小，曲线越长，曲率越大，半径越小。

一般地，我们也可以配合控制点进行分析，所谓 G0，即位置，表示两个控制点处于同一位置，两条曲线是位置关系。G1 则表示两条曲线是相切关系，即两条曲线连接点左右最近一个控制点处于同一直线。G2 表示两条曲线是曲率关系，即两条曲线连接点左右最近两个控制点处于同一直线。

（2）标注工具边缘分析

边缘分析工具可以帮助我们检查物体是否封闭，检测出断裂的边缘，以便我们修补。在视口右边创建一个长方体，我们将其复制移动到左边并炸开，得到一个未封闭的多重曲面，对这两个物体同时进行边缘分析，如图 1-40（a）所示。

用鼠标左键单击，选择所有物件，此时有一个边缘分析的小窗口，如图 1-40（b）

所示，选择显示"全部边缘"，我们可以看到多重曲面和实体的边缘都出现了紫色的线（图中已标示为加粗黑线），颜色可以自己修改。当我们选择显示"外露边缘"，此时多重曲面有显示而右边长方体没有显示，这是因为它是封闭的实体。因此我们常常用边缘分析工具帮我们判断物体属性，看其是否为封闭实体，如若不是，"外露边缘"则帮我们找出断裂的位置。

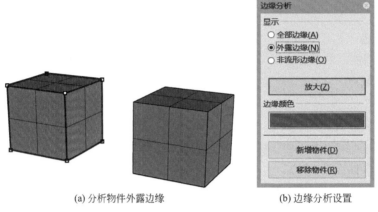

(a) 分析物件外露边缘　　　　　　　(b) 边缘分析设置

图 1-40　分析外露边缘

（3）斑马纹分析

在日常工作中，为了建出极致的模型，我们通常会让模型达到极顺曲率，而在完成这项工作中，斑马纹分析可以检查你所完成的曲面上是否出现折痕，或者出现不顺的现象。

下面我们通过绘制一个花瓶进行讲解：在前视图，运用控制点曲线命令 ⌇，在原点往上画出一条 4 点 3 阶的曲线，再在 X 轴上确定一圆心，画出一圆，作为旋转路径，如图 1-41（a）所示。

利用沿着路径旋转成形命令 ▼，作出花瓶的侧面，如图 1-41（b）所示。

再利用加盖命令 ⌂，加上上下两个面，使之成为体，如图 1-41（c）所示。

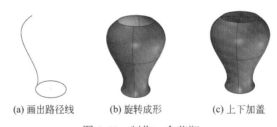

(a) 画出路径线　　　　　(b) 旋转成形　　　　　(c) 上下加盖

图 1-41　制作一个花瓶

做好的模型利用斑马纹分析工具 ◢ 分析，如图 1-42（a）所示，可以看到侧面的连续曲面呈现环形竖线，在与顶面的交界处会出现明显的折痕。因此，在我们日常工作中，倘若出现了折痕，可以利用斑马纹分析工具帮助分辨。如图 1-42（b）所示，可进行斑马纹选项设置。

| (a) 斑马纹分析花瓶 | (b) 斑马纹设置 |

图 1-42　斑马纹分析

练习巩固

1. 制作一个酒瓶并利用斑马纹分析工具进行分析。
2. 使用旋转成形命令制作一个茶壶 / 水杯 / 奶瓶，并标注其尺寸。

Rhino

第二章

由点及线树立建模自信

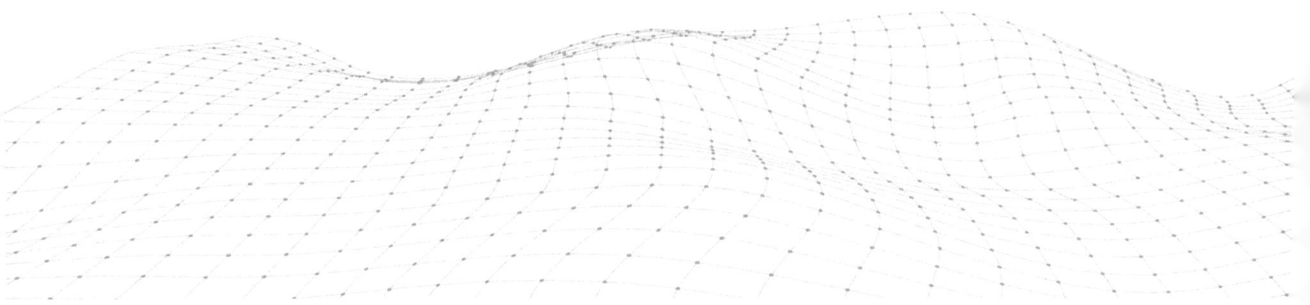

建模并没有想象中的那么难，熟悉 Rhino 的基本原理和基本操作方法之后，就可以进行数字化家具设计的实践了。通过对本章"由点及线"建模方法的学习，相信读者朋友可以找到自信，较容易地适应 Rhino 的操作，以轻松愉快的心情进入家具设计师的工作状态。

2.1
点和线的运用方法与技巧

2.1.1　点的运用方法与技巧

（1）多点

在视图中，多点工具🎲包括了单点与多点，选择性更高，运用更广。在输入板中输入"0"，可以在原点制作出一个点（图 2-1）。

（2）面积重心与抽离点

物体的重心和控制点往往是辅助定位的关键。在线框模式下，可以清晰地看到点被提取了出来。这样一来我们就可以以重心为捕捉辅助复制（图 2-2）。执行面积重心命令

（AreaCentroid）可显示面的重心，而执行抽离点命令 （ExtractPt）可获得图形的抽离点。

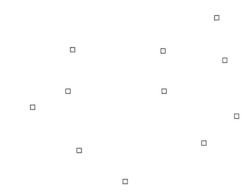

图 2-1　多点工具的运用

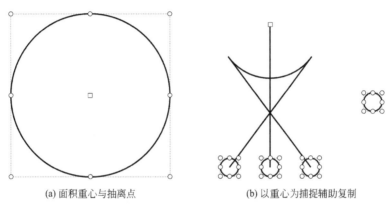

(a) 面积重心与抽离点　　　　　　(b) 以重心为捕捉辅助复制

图 2-2　面积重心与抽离点及以重心为捕捉辅助复制

（3）操作轴的定位运用

物体在视图下的框中，找到操作轴打开。可以看到最初的操作轴与世界坐标轴一一对应，在有些工作中我们不方便进行操作。这时我们可以单击操作轴旁的一个空心的小白点进行定位操作轴，定位操作轴时需要重新设置轴点、X 轴、Y 轴。使用完之后可以重新单击小白点重置操作轴（图 2-3，见文后彩插）。

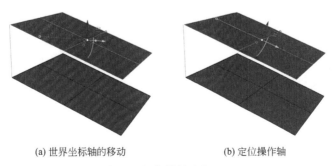

(a) 世界坐标轴的移动　　　　　　(b) 定位操作轴

图 2-3　操作轴的定位运用

（4）线的分段与点的运用

曲线的分段分为两种：以长度分段曲线 ![icon] （单击鼠标左键）和以数目分段曲线 ![icon] （单击鼠标右键）。以长度分段曲线时，还需要确定方向，单击曲线可以反转方向。以长度为"100"的曲线为例子，想要分为25段，以长度分段曲线时我们就要输入长度"4"为分段；以数目分段曲线时我们就要输入"25"段。在工作中我们需要结合实际情况进行选择。这里给读者朋友展示运用 Grasshopper（缩写为 GH，是 Rhino 中的一款插件）制作出 25×25 网格点（图2-4）。

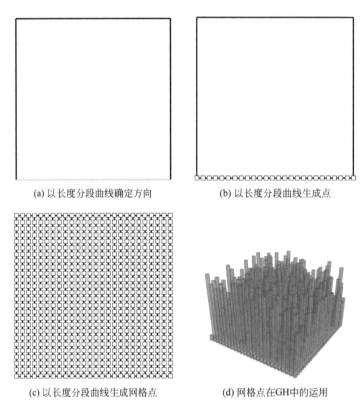

(a) 以长度分段曲线确定方向 (b) 以长度分段曲线生成点

(c) 以长度分段曲线生成网格点 (d) 网格点在GH中的运用

图2-4　线的分段与点的运用

2.1.2　线的运用方法与技巧

（1）中点画线

中点画线在平常制作模型中充当绘制对称线的作用。在前视图，运用中点画线工具 ![icon] ，输入"0"定位原点后，输入一个较大的数值作为一半的长度，即可绘制对称线（图2-5）。

（2）倒角与恢复倒角

曲线倒角 ![icon] 也是建模时常用的命令，输入一个倒角半径 R，选择曲线 A 后选择曲线 B，可进行倒角。

恢复倒角时，需要将曲线炸开 ![icon] ，重新单击曲线倒角命令 ![icon] ，输入倒角半径为"0"，重新选择曲线 A 后选择曲线 B，进行组合 ![icon] （图2-6）。

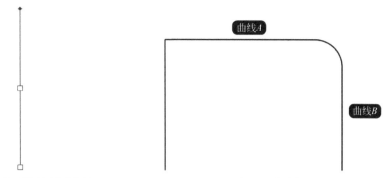

图 2-5　中点画线绘制对称线　　　　　　　图 2-6　曲线倒角

（3）曲线偏移

使用曲线偏移命令![icon]可以基于已知曲线等间距绘制新的曲线，选取要偏移的曲线 A，输入偏移距离，拖动鼠标选取偏移的内外方向，单击即可生成偏移曲线，如图 2-7。

（4）续画曲线与分割曲线

当已经绘制好的曲线，想要继续延伸所画曲线时，可以运用续画曲线![icon]，如图 2-8（a）。例如，由于线不够长导致无法分割曲线时，运用续画曲线![icon]命令即可解决。单击曲线 A 进行延长，单击分割曲线![icon]，选取要被分割的曲线 B 后选取分割曲线 A，即可将曲线 B 分割，如图 2-8（b）。

图 2-7　偏移曲线

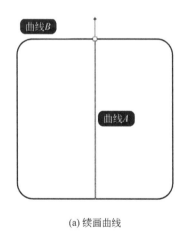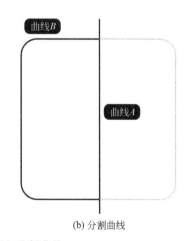

　　　　(a) 续画曲线　　　　　　　　　　　　(b) 分割曲线

图 2-8　续画曲线与分割曲线

（5）衔接曲线与混接曲线

将两条线连在一起的时候经常会用到衔接曲线命令![icon]或混接曲线命令![icon]，这两个命令有相似之处也有区别。使用衔接曲线命令![icon]时，优先选择的曲线 A，会调动其 G0、

$G1$、$G2$ 控制点衔接到曲线 B 上，从而起到衔接的作用。图 2-9 以曲率连续性（$G2$）为例子进行了说明。

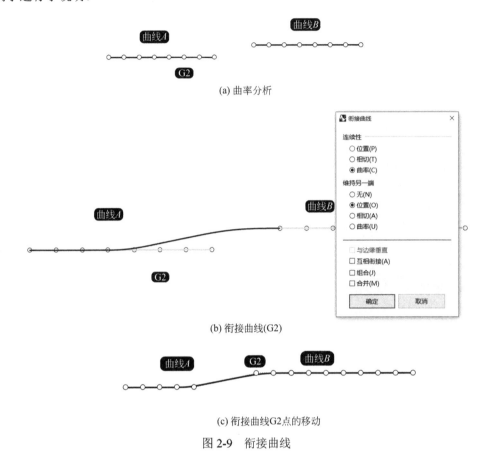

(a) 曲率分析

(b) 衔接曲线(G2)

(c) 衔接曲线G2点的移动

图 2-9　衔接曲线

使用混接曲线命令 🖰 时，在曲线 1 和曲线 2 之间产生一条新的曲线去连接曲线 1 和曲线 2。新的曲线两端可以自由选择连续性，如图 2-10 所示，对应曲线 1 进行 G1 正切连续性，对应曲线 2 进行 G2 曲率连续性。

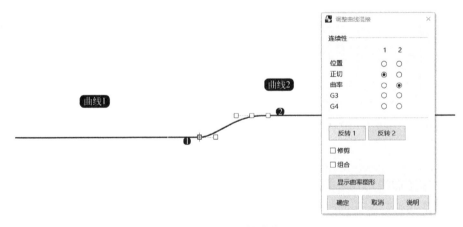

图 2-10　混接曲线

2.2
点与线的综合利用

前面 2.1 节简单介绍了一些点和线的运用方法及技巧，这一节我们将以两个简单的模型为例快速上手建模操作，并在下一节介绍 Rhino 的渲染功能及建立 2D 图面（Make 2D）功能。通过本节的学习，读者朋友大概就可以掌握简易家具模型的制作。相信这也能够帮助读者朋友重新认识自己的设计建模潜力。

2.2.1 快速上手——铁艺小边几建模

该铁艺小边几以金属为框架，辅以天然石材几面所构成，是时下比较流行、深受年轻人追捧的北欧风格家具（图 2-11）。本节会展示其建模过程，帮助读者掌握圆管命令和阵列命令在家具建模中的运用。

图 2-11　铁艺小边几

2.2.1.1 辅助线

① 在 Front 视图使用单一直线命令 ▱ （Line）画一条长度为 550 的直线，使用依线段数目分段曲线命令 ▱ （Divide）将直线分成 4 段，选择分割模式得到如图 2-12 所示 4 段线段。

② 在四个端点处使用圆：中心点、半径命令 ◉ （Circle）画四个圆，半径从上至下依次为 200、120、143、158，如图 2-13。

图 2-12　分段直线　　　　　　　　　　　图 2-13　分段直线上画圆

③ 使用多重直线命令 ⟨Polyline⟩，以最上方圆形右方的四分点为起点，向上画 10，再向左画 10，删掉竖线，得到小短线；继续使用多重直线命令 ⟨Polyline⟩，以最下方圆形的右四分点为起点，考虑到茶几底座金属的焊接工艺，此处设定向右画 17，再向下画 2，得到小竖线。以多段线连接小短线的左端点、第二圆形的右四分点及小竖线的下端点，绘得辅助线 1，如图 2-14。

④ 使用曲线圆角命令 ⟨Fillet⟩，对辅助线 1 转折处进行倒角，倒角半径为 30，如图 2-15。

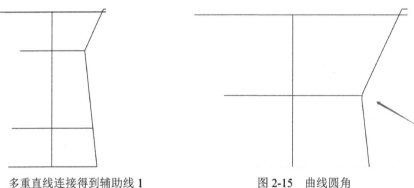

图 2-14　多重直线连接得到辅助线 1　　　　图 2-15　曲线圆角

⑤ 使用多重直线命令 ⟨Polyline⟩ 画出如图 2-16 所示辅助线 2。用曲线圆角命令 ⟨Fillet⟩，对转折处进行倒角，上边倒角半径为 2，右下角倒角半径为 1，如图 2-17。

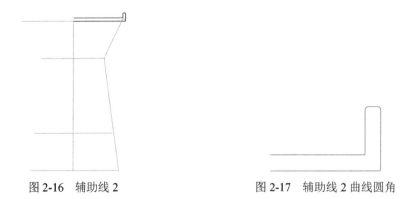

图 2-16　辅助线 2　　　　　　　　　　图 2-17　辅助线 2 曲线圆角

2.2.1.2 边几桌面

（1）旋转成形

使用旋转成形命令 （Revolve），选中辅助线 2，以中间的直线作为旋转轴，再使用边缘圆角命令 （FilletEdge），倒角半径设为 1，得到如图 2-18 所示图形。

图 2-18 旋转成形

（2）操作轴挤出

① 使用圆：中心点、半径命令 （Circle）以最开始画的直线的上端点为圆心，以 190 为半径在 Top 视图画个圆，如图 2-19。

② 使用以平面曲线建立曲面命令 （PlanarSrf），选择刚刚建立的圆，建立一个圆平面。在 Front 视图中，打开操作轴，选中圆平面，鼠标左键按住上箭头中实心圆点，将圆平面向上拖拽到合适厚度后松开鼠标，得到桌面，如图 2-20。

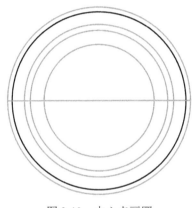

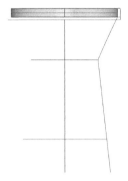

图 2-19 中心点画圆　　　　　　图 2-20 拖拽得到的桌面

③ 使用边缘圆角命令 （FilletEdge），对边缘进行倒圆角，倒角半径为 1，得到桌面，如图 2-21。

图 2-21 桌面

2.2.1.3 边几桌身

（1）圆管命令

① 选择辅助线 1 及半径为 143 的圆，使用圆管（平头盖）命令 （Pipe），半径为 5，建立圆管，如图 2-22（a）。

② 按空格键或鼠标右键重复上一命令，对最下方的圆形建立圆管，半径为7.5，得到如图2-22（b）所示图形。

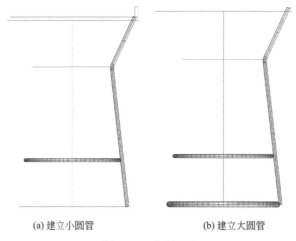

(a) 建立小圆管　　　　　　　　(b) 建立大圆管

图 2-22　建立圆管

③ 对右侧圆管的下端进行边缘倒圆角处理，倒角半径为2。上端使用修剪命令 ✂（Ctrl+T，Trim），得到如图2-23所示效果。

（2）阵列命令

使用环形阵列命令 ❊（ArrayPolar），对右侧圆管进行阵列，阵列中心选择最初建立的直线的某一端点即可，阵列数目为24，可以得到如图2-24所示图形。

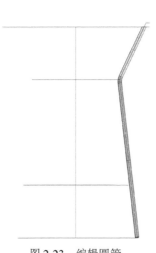

图 2-23　编辑圆管

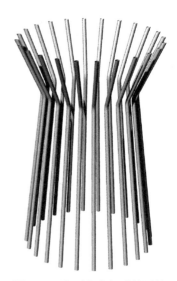

图 2-24　阵列命令得到的圆管

2.2.1.4　完成效果

此款小边几主要用到了旋转成形、圆管和阵列命令，在制作桌面的时候用到了操作轴辅助操作，读者可根据个人习惯选择使用其他命令，如圆柱体 ▣（Cylinder）、挤出曲面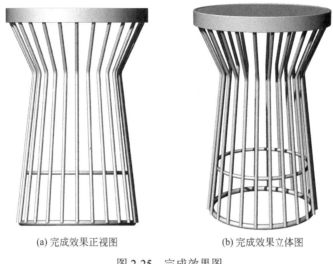（ExtrudeSrf）、挤出封闭的平面曲线（ExtrudeCrv），等等。在画辅助线时建议打开正交模式，建模过程中养成管理图层的习惯，方便后期编辑模型。文中所给的尺寸可以根据自己需要做适当修改（图2-25）。

(a) 完成效果正视图   (b) 完成效果立体图

图2-25　完成效果图

通过本节对金属边几建模的练习，相信大家已经大概掌握了多个常用的建模命令，也初步了解了"由点及线"的数字化建模思路。接下来我们可以进入后续部分的学习了。

2.2.2　牛刀小试——金属靠背椅建模

该金属靠背椅以金属管材制成框架，并使靠背与座面后侧连接在一起，这样的设计可使椅子结构更加稳固，整体造型简洁大方。在读者朋友已经掌握的点、线相关命令的基础上，本节将带领大家一起还原该椅子的建模过程，读者可在跟做该模型的过程中进一步掌握圆管命令（Pipe）和放样命令（Loft）在家具设计中的运用（图2-26，见文后彩插）。

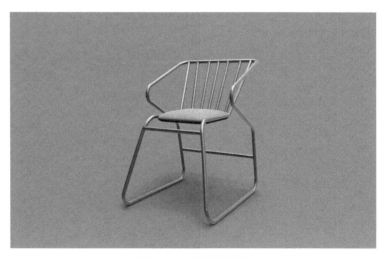

图2-26　金属靠背椅

2.2.2.1　建立框架

（1）框架布线

① 金属靠背椅的外轮廓尺寸为 520×520×750，建模前先作三轴线方便确定模型尺寸。在 Right 视图中，使用控制点曲线命令 🔲（Curve），画出如图 2-27 所示靠背椅钢管的侧面轮廓，注意座面高度在 400 左右。

② 使用显示物件控制点命令 🔺（F10 键，PointsOn）对前腿的部分点向内移动，使得座面的宽度略小于整体宽度，调整整体形状。使用镜像命令 🔳（Mirror）得到另一半轮廓，并进一步绘制直线获得椅背搭脑（图 2-28），同理绘制座面曲线。

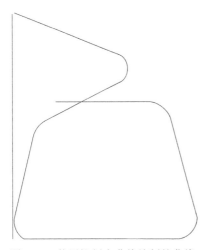 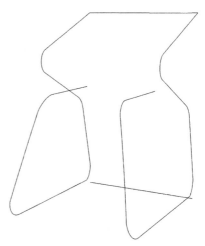

图 2-27　使用控制点曲线绘制的曲线　　　　图 2-28　镜像得到的曲线

（2）混接曲线

① 使用可调式混接曲线命令 🔳（BlendCrv）对椅背处和座面的接口线条进行曲线的混接，选择曲线时注意单击靠近要混接的端点处，调整混接端点，选择合适的曲率。使用修剪命令 🔳（Ctrl+T，Trim）修剪多余的线段，使用组合命令 🔳（Ctrl+J，Join）组合得到曲线，得到如图 2-29 所示效果。

图 2-29　利用混接曲线生成圆角

② 使用单一直线命令 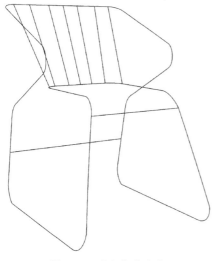（Line），建立靠背直线，先建出一半，再使用镜像命令 （Mirror）得到另一半的直线，并在靠背椅前后作出两条水平线完成钢管部分的布线，如图 2-30。

（3）圆管命令

框选全部线条，使用圆管（平头盖）命令 🐚 （Pipe）建立圆管，得到如图 2-31 所示金属框架。

图 2-30　建立靠背直线

图 2-31　利用圆管命令生成框架

2.2.2.2　座垫及脚垫的建模

（1）细分工具

使用工具栏中"V7 的新功能→细分工具→创建细分立方体 🔲"创建一个 $40 \times 40 \times 5$ 的细分立方体，把它移动到座面的位置，并使用操作轴上虚线端点的小方形及 F10 键打开其控制点对其进行形状的调整，使其贴合座面，如图 2-32。

图 2-32　使用细分得到的座垫

（2）放样命令

① 在 Top 视图中，使用圆：中心点、半径命令 ⊙ （Circle）建立一个半径为 2 的圆。使用操作轴上下拖动，并复制。使用单点命令 ▫ （Point）在上、下两个圆的中心点处建立两个点。

② 使用放样命令 （Loft），从上到下依次选择并执行放样，样式选择松弛，如图 2-33。

③ 使用复制命令 （Ctrl+C，Copy）在底面四个角各复制一个上述形体，作为脚垫，如图 2-34。

图 2-33　使用放样命令建成的脚垫　　　　　图 2-34　脚垫位置示意图

2.2.2.3　完成效果

模型的建立到这里就完成了（图 2-35），通过这两个简单的模型，相信学习者可以完全掌握圆管命令的使用，V7 的新功能——细分可以让我们轻松进行座垫类模型的建立，最后的脚垫不仅可以使用放样命令，同样可以使用 "V7 的新功能→细分工具→创建细分椭球体 " 轻松得到。本节金属靠背椅的建模步骤中所给出的尺寸参数较少，这与上一节给定全部尺寸略有不同，这样做的目的是为了使读者朋友能在上一节内容的基础上凭自己所掌握的人体工学知识以及对空间和尺度的把握进行设计建模。这样不仅可以利用有限的参数在家具设计中给读者朋友提供更大的自由度，还可以起到对家具形体把握的锻炼目的。

图 2-35　金属靠背椅模型完成效果

2.3
提升自信——渲染和出图方法

通过前两节的建模练习，我们已经掌握 Rhino 中由点及线的造型技巧，能够灵活运用线条获得金属家具。但未经渲染的模型还不能很好体现其材料、质地、色彩和光泽，更无法营造意境和氛围，不能很好地体现家具产品的设计特征和设计风格。当前 Rhino 软件自带的渲染功能能够满足设计提案阶段快速出图的要求，本节将以金属靠背椅为例介绍渲染和出图的基本方法。相信掌握这个方法之后，我们可以更具自信地开展家具设计工作。

2.3.1 渲染方法

（1）渲染准备

① 将需要赋予同一样材质的模型归入一个图层，如图 2-36。这样在后期赋予材质时就可以一次性将材质赋予图层中的所有物体。

图 2-36 图层

② 右击右侧菜单栏的空白部分，勾选"材质""环境"和"灯光"面板，从而调出材质、环境和灯光面板，方便后期渲染时调节对应参数，如图 2-37。

当前模型中没有材质，点击[+]按钮增加材质。

图 2-37 材质、环境、灯光面板

③ 使用 Rhino 软件渲染时，一般可以简单搭建一个室内场景，如绘制一个矩形线框，再使用以平面曲线建立曲面命令 ⊙（PlanarSrf）对所绘制的矩形线框加面，就可以将地板和墙面搭建出来，如图 2-38。

④ 确定一个合适的相机角度，防止后期渲染时模型发生移位。操作时可以右击视角下的任意视图 Perspective Top Front Right ，然后选择"新增工作视窗"，在新工作视窗下右击左上角的 Top ▼ ，依次选择"设置视图""Perspective"，这个视角便可以作为相机视角，后期在需要移动 Perspective 视角位置的时候，用第一个 Perspective 视角，这个视角保持不变，在每次需要渲染出图时，再返回该视角。

⑤ 单击上方菜单栏中的"渲染→显示安全框"，此时在视角中会出现两个矩形安全框。在渲染出图中，尽量让渲染模型位于安全框的中间，并且以不超过内矩形安全框为好（图 2-39）。可以通过 Alt + 鼠标右键来微调模型大小，Shift + 鼠标右键来调整模型的位置。

图 2-38　简单场景搭建

图 2-39　渲染安全框下的相机视角

（2）渲染参数

① 材质

a．在右侧的"材质"面板中，单击建立新材质图标⊞，选择"从材质库导入"，此时会弹出一个文件栏，可根据自己的需求选择一个或者多个想要的材质。如现需金属材质，可以打开"金属"文件栏，选择"无光泽黄铜"文件。这时，无光泽黄铜材质就出现在了材质面板下，如图 2-40（a）。右击该材质，选择"赋予给图层"，在弹出的选项图层中勾选"金属"图层，单击"确认"。双击"无光泽黄铜"材质，在金属材质参数栏下找到"颜色"，单击颜色区域，选择黄铜，并将抛光度调整到 60% 的位置，如图 2-40（b）。

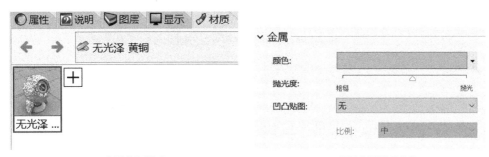

(a)无光泽黄铜材质　　　　　　　　　　　(b)黄铜金属材质参数

图 2-40　金属材质

b．软垫材质　建立新材质⊞，选择"从材质库导入"，依次选择"图案""编织""香蕉纤维篮"材质。将香蕉纤维篮材质赋予给软垫图层（操作同步骤 a），这时显示在模型上的材质贴图会比真实中的偏大，如图 2-41（a）。可以通过双击"香蕉纤维篮"材质，在材质参数下方找到"贴图"，双击如图 2-41（b）框中的文字，找到"贴面轴"，调整大小至 1，如图 2-41（c）。再次观察模型上的材质，会发现此时的材质贴图大小合理，但出现了明显的凹凸感，这时再次双击材质球，退出"贴图参数"栏，继续找到"贴图"栏，将凹凸百分比改为 3%，调整完成，如图 2-41（d）。（注：如果系统自带的材质参数不能够满足渲染要求，可以微调一下材质的参数。）

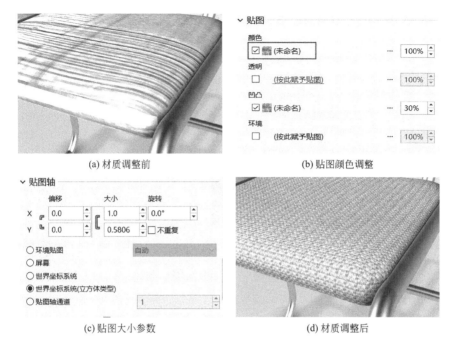

(a) 材质调整前　　　　　　　　　　(b) 贴图颜色调整

(c) 贴图大小参数　　　　　　　　　(d) 材质调整后

图 2-41　软垫材质

c．脚垫材质　建立新材质➕，选择"自定义材质"，单击"重命名"，将自定义材质赋予脚垫图层中。找到贴图栏下的颜色，单击"按此赋予贴图"，在文件中找到想要赋予的材质贴图（材质贴图需要读者自行百度收集，本案例材质贴图为 Rhino 7.0 自带的贴图）。同理"凹凸材质"也选择该材质贴图，并将凹凸值大小调整为 5%。

d．墙壁、地板材质　建立新材质➕，选择"石膏"，依前述方法将石膏材质赋予给墙面和地板。在材质参数下将颜色改为粉红色（RGB：255 181 197）。

（注：以上介绍了 3 种新建材质的方法，分别为：从材质库中导入材质；建立系统自带材质；建立自定义材质。对于一些复杂的材质表现，需要读者更深入地学习。）

e．再次回到自己新建的相机 Perspective 透视图，打开安全框，预览渲染图，如图 2-42（见文后彩插）。

②灯光

a．选择右侧栏"灯光"面板，单击新建灯光➕，选择"聚光灯"，转移到 Top 视图下（将视图转换为线框模式，渲染模式无法查看到灯光线条），选择一个中心点，然后画一个圆。转移至 Right 视图，取消正交模式（F8 键），调整聚光灯的角度与高度，如图 2-43。

b．在"灯光"面板下，双击"聚光灯"，将聚光灯的强度数值改为 23，阴影厚度设为 80，聚光灯锐利度设为 39，并单击天光前的灯泡图标使之变成黄色（图 2-44）。

c．由于此时座垫下的光线较弱，可以在座垫下再补一盏聚光灯，在 Top 视图下绘制聚光灯的半径大小，如图 2-45（a）。然后转到 Right 视图中，选择正交模式，绘制出聚光灯距离物体的距离。然后通过移动，将聚光灯移到目标位置，如图 2-45（b）。双击"聚光灯"，进入"灯光参数"面板，将聚光灯的强度调整为 200，阴影厚度设为 0，聚光灯锐利度设为 39，如图 2-45（c）。这时可以回到新建的相机 Perspective 视角（打开渲染安全框），预览赋予材质与灯光后的模型 [图 2-45 （d）]。

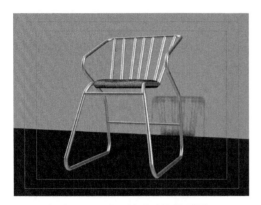

图 2-42 赋予材质后的模型图

图 2-43 灯光位置调整

名称	隔离	类型	强度	颜色	图层
💡 太阳		平行光			
💡 天光					
💡 打灯	☐	聚光灯	23		预设值

图 2-44 灯光面板

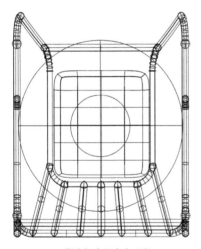

(a) 聚光灯半径大小示意

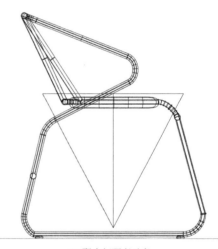

(b) 聚光灯距离示意

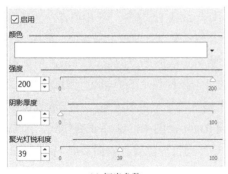

(c) 灯光参数

(d) 赋予材质与灯光后的模型图

图 2-45 聚光灯参数调整

（注：如果是室内渲染或者是产品特写渲染，可以将天光的强度调弱并为产品增加一盏聚光灯，调节聚光灯的位置，使聚光灯投射的位置刚好对正产品，微调聚光灯参数。）

③ 环境 在"环境"面板下，单击建立新环境⊞，依次选择"从环境库选择""摄影棚 A"。等待环境导入，单击"摄影棚 A"，环境就被赋予至场景中。在"环境参数"下，将背景颜色改为白色，投影选择"自动"，旋转角度调节为 245.0°，强度改为 0.9，如图 2-46。这时可以回到新建的相机 Perspective 视角（打开渲染安全框），预览赋予材质、灯光与场景后的模型（图 2-47）。

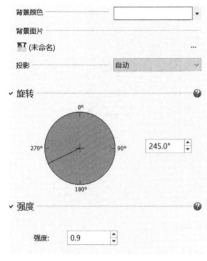

图 2-46　环境参数

图 2-47　赋予材质、灯光与场景后的模型图

（3）渲染出图

① 单击上方菜单栏中的"渲染"，选择渲染属性，弹出文件属性栏。在"解析度和品质"中可以将尺寸调节为自己需要的尺寸，调整 DPI 为 350，质量选择"高品质"。背景栏下选择"360°环境"，并选择"摄影棚 A"；天光强度改为 0.9；在高级 Rhino 渲染设置下，将折射最大次数限制改为 14，反射渐层最大次数限制改为 6，其他参数保持默认，如图 2-48。

(a) 渲染参数设置1　　　　　　　　　　　　　　(b) 渲染参数设置2

图 2-48　渲染参数设置

② 依次单击上方菜单栏的"渲染→渲染预览",预览渲染后的低参数效果图(此时的效果图除噪点比最终效果图多外,灯光亮度、材质表现等都与最终效果图基本一样)。当预览渲染图满足要求后,再依次单击上方菜单栏的"渲染→渲染"。这时会弹出 Rhino 渲染界面,慢慢等待渲染即可。渲染完成后(图 2-49,见文后彩插),单击左上角图片保存按钮 ,保存为需要的图片格式。

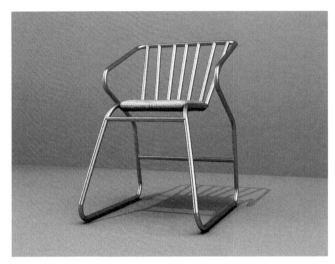

图 2-49　最终渲染效果图

综上,家具产品渲染可遵循:选定模型、设置图层、设立相机、赋予材质、设置场景、设置灯光、设置材质、渲染出图参数调节的步骤。

2.3.2　矢量出图法

(1)准备工作

① Rhino 软件具有将产品模型输出为二维图纸的功能,出图时可以先通过使用布尔运算联集命令使模型成为一个整体,这样在后期出图时可以最大化地减少漏线,避免无用多余线段的出现。求取布尔运算联集之前,还可以新建一个图层复制备份一份模型,并将其隐藏起来,这样可确保后期需要修改和使用模型时还能找回模型。

② 使用选择曲线工具命令 (SelCrv),也可在上工具栏中"选择图标 → "中找到该命令。全选模型中的曲线,将其放置一个新建新图层中隐藏起来,避免在后期进行输出二维图纸的"Make 2D"操作时产生多余的线条。同理,模型中有多余的点时,可以执行选择点命令 (SelPt),然后将全部点隐藏。

③ 在 Perspective 视图中双击左上角的 Perspective 至视图最大后,调节好一个合适的物体透视角度,作为出图时的透视图,如图 2-50。

④ 在出三视图及透视角度视图的二维图纸时,可以将犀牛界面中的网格隐藏(F7键),右击右侧菜单栏的空白部分,勾选"显示"面板,在显示面板下的背景中,选择"单一颜色",并将颜色改为白色。

（2）开始出图

① 在出图前，我们可以右击 Perspective 视图中左上角的 <u>**Perspective ▼**</u>，然后选择钢笔模式（实时 Make 2D），通过钢笔模式可以预览将要导出的线条图（图 2-51）。当钢笔模式下的线稿满足要求时，可以进行下一步出图。若线稿不满足要求，则需要继续修改完善一些模型的细节。

图 2-50　透视图

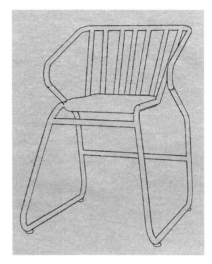

图 2-51　钢笔模式

注意：一般最终出图如果出现缺线，可能是模型分离导致，即物体本身并没有完全接触，此时可以使用布尔运算联集命令改变模型的分离状态。

② 选择想要导出二维图纸的犀牛模型（Ctrl+A），单击界面最上端"尺寸标注（D）→建立 2D 图面（Make 2D）"。在投影栏下，可以选择"视图"导出当前视图的二维图纸，也可以选择"第一角投影"导出四个视图的二维图纸。选项中的"物件属性"可以选择"从输入的物件"，而"建立正切边缘""隐藏线""场景轮廓线"等选项可以根据自己的需求选择，如图 2-52，最后单击"确定"即执行该命令。

③ 等待计算机执行 Make 2D 命令进行出图后，二维图形会显示在软件操作图面上，如图 2-53。将视图转至 Top 视图来预览出图效果。这时二维图形是在被选择状态下的，依次单击"文件→导出选取的物件"，就可以保存该生成的图形文件。选择保存文件的合适位置和二维图形的文件格式［推荐选择"AutoCAD Drawing（*dwg）格式"］，在弹出的 DWG/DXF 导出选项中，保持默认选项，单击"确定"即可。

④ 使用 CAD 软件打开由犀牛导出的 *dwg 格式文件，一般图形不会第一时间出现在 CAD 操作窗口上，需要在 CAD 软件的命令行输入"Z"命令，按空格键确认，再输入"A"指令，按空格键确认。此时从犀牛中导出的 CAD 线条就会出现在面板上。可以全选所有图形（Ctrl+A），将图层改为 0 图层，单击将颜色改为白色显示的 ByBlock（图 2-54）。通过标注尺寸，布局打印出图即可将三视图导出（图 2-55）。以上包含一些 CAD 的软件知识，在此不再赘述。

图 2-52　Make 2D 画面选项

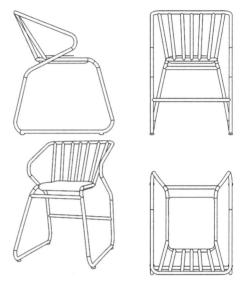

图 2-53　Top 视图下的 Make 2D 三视图

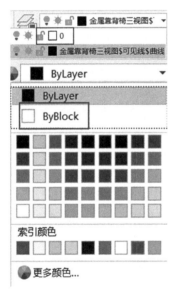

图 2-54　CAD 图层面板

图 2-55　CAD 三视图

💡 练习巩固

1. 利用本节所学知识使用圆管命令、挤出命令、旋转成形命令设计一件家具。

2. 利用 Rhino 对一件家具进行渲染。

3. 使用 Make 2D 命令对以上两个练习生成三视图并导入 CAD。

Rhino

第三章

巧用工具进行非木质家具建模

本章将通过对塑料家具、金属家具、软体家具等几类典型非木质家具建模过程的讲解与示范，介绍 Rhino 家具快速建模技巧，同时诠释现代家具并展现其独特魅力。

3.1
塑料家具造型设计

塑料家具以"塑料"这一高分子聚合物为主要材料制得，因材料的诸多优良特性而成为广受欢迎的家具。塑料的种类很多，按照塑料的理化性能可笼统地分为热塑性塑料和热固性塑料。不同塑料的性能存在较大差异，塑料的性能决定了塑料家具的应用场合。

塑料家具通常都具有质量轻、耐水、表面易清洁、色彩斑斓的特点，且在造型上具有很强的可塑性，便于进行工业化生产，不论从其外形或价格上都极易被消费者接受。塑料家具往往拥有圆滑的弧线、个性的直线条，是制作异型家具的首选材料。这些设计感极强、线条简洁利落的塑料家具能让室内空间变得更加灵动轻盈。

此外，伴随技术的进步出现了诸多新材料，诞生了诸如兼具塑料和木材双重特征的木塑家具等。虽然这些家具不能完全归为塑料家具类，不过在造型设计时依然可以借鉴塑料家具的一些做法。

3.1.1 概述

3.1.1.1 塑料家具造型设计基础

（1）塑料家具的工艺特点

由于塑料具有极强的可塑性，往往可以满足设计师天马行空的想象，经挤出、注塑、模压或吹塑等方法可获得一般材料难以制得的造型，适于制作异型家具。以 Rhino 为建模手段可以展现塑料家具个性突出、造型灵活性高、整体造型简洁的特点。有关塑料家具的工艺在本书中不作赘述，但建议读者朋友进行适当的了解。

（2）塑料家具的造型特色

与木质家具不同的是，塑料家具可一体成形，尤为著名的有潘顿椅、伊姆斯椅（图 3-1、图 3-2）。潘顿椅是世界上第一把一次模压成形的玻璃纤维增强塑料（玻璃钢）椅。其外观时尚大方，有种流畅大气的曲线美，舒适典雅，符合人体曲线。潘顿椅的成功成为现代家具史上革命性的突破。而伊姆斯椅是由美国的伊姆斯夫妇于 1956 年设计的经典餐椅。该座椅曾经被列入世界最佳产品设计之林，并已成为美国现代艺术博物馆 MOMA 的永久收藏品。

图 3-1　潘顿椅

图 3-2　伊姆斯椅

3.1.1.2 NURBS 曲面与塑料家具建模思维

NURBS 曲面适于表现简单的造型，也可以用于表现自由而复杂的造型，是塑料家具模型表现的优选。利用 Rhino 进行塑料家具的建模时，要特别注意建模思维的培养。下文以伊姆斯椅的椅面为例，介绍曲面家具建模的思路。首先，在使用 Rhino 建模时布线是非常重要的，布线往往决定了曲面构建的形态，线的调整决定着形态的变化。然后，需要基于已经布好的线进行曲面的构建，曲面的构建方式包括"从网线建立曲面（NetworkSrf）""以平面曲线建立曲面（EdgeSrf）""嵌面（Patch）"等。

（1）轮廓线布线

在 Rhino 中常用到控制点曲线命令去对曲线进行描绘。此处依据伊姆斯椅的正视图和侧视图图片，进行建模。

在 Front 视图左上角的 **Front ▾** 图标右侧小箭头下拉选择"背景图"选项，选择"放置"，选择本书电子资源包中提供的伊姆斯椅正视图，将椅面的正视图置入背景。同样地，在 Right 视图置入椅子的侧视图。在"背景图"选项下可以选择对背景图进行缩放、移动、移除等各命令。

在 Front 视图椅背的中心使用控制点曲线命令 🔲（Curve）画一条长度为 40（默认单位为 mm，下同）的垂直线，并缩放背景图使得图中椅面长度与垂直线相同，如图 3-3 所示。

图 3-3　垂直线的绘制

使用控制点曲线命令 🔲（Curve）在 Front 视图画出如图 3-4 所示白色 1 号线，并注意位于垂直线一侧的第一个控制点在垂直线端点上，且第一和第二个控制点在同一水平线上，有利于镜像后的曲线端点衔接。通过利用操纵轴调整控制点的位置可快速调整曲线的形态。

(a) 使用控制点命令绘制曲线示意图

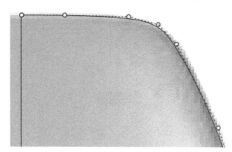

(b) 使用控制点命令绘制曲线局部示意图

图 3-4　使用控制点命令绘制曲线示意图及局部示意图

在 Right 视图调整白色 1 号线控制点的位置如图 3-5 所示，并以白色 1 号线的顶端为起点，依据椅背轮廓形状绘制黑色 2 号线。

注意：左侧工具栏 🖊 右下角拉开可选择插入控制点以及缩减控制点等命令，使得曲线形态的调整更为便利。

在 Front 视图以垂直线为对称轴使用镜像命令 🔳（Mirror）得到如图 3-6 所示曲线的另一半。

图 3-5　切换视图调整控制点的位置　　　　　图 3-6　利用镜像命令绘制完成的曲线

（2）结构线布线

① 在 Top 视图使用控制点曲线命令 （Curve）以具有三个控制点的曲线连接白色 1 号线和黑色 2 号线的中点（图 3-7），使之保持顺畅的弧度，打开曲线的控制点，利用变动工具下拍平命令 （SetPt）将第二点和第三点拍平，勾选"设置 Y"和"设置 Z"。利用镜像命令得到曲面结构线的另一半（图 3-8），再用组合命令 （Join）将两条结构线合并为一条。

注意：为使曲面更简洁，在进行结构线布线时需考虑节点的数量、位置。进行成面的操作之前，使曲线保持相同的阶数和点数，有利于获得最简曲面。

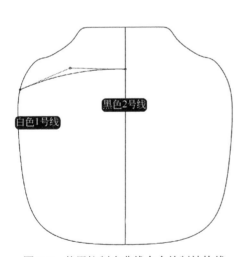

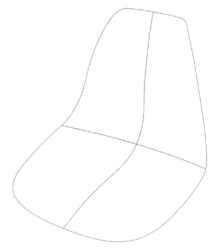

图 3-7　使用控制点曲线命令绘制结构线　　　　图 3-8　绘制得到的曲线透视图

② 按照上面的步骤再画出四条形态相似的曲线，共同构成座面的上表面，如图 3-9 所示，可顺着椅背上的突起轮廓描绘，需使座面的上表面略小于下表面，右视图如图 3-10 所示。

图 3-9　曲线的 Front 视图

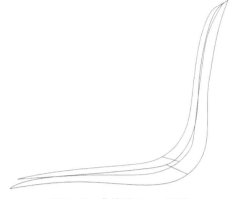

图 3-10　曲线的 Right 视图

（3）从网线建立曲面

从网线建立曲面时需要注意，建立曲面的网线需要两个方向各三条以上，便于软件的识别排序，而此处的四条曲线作为曲面的结构线建立曲面时系统不需要识别。使用建立曲面工具栏下从网线建立曲面命令 ![icon]（NetworkSrf），先选中下方的四条线，确认。再次使用该命令，选中上方的四条线，确认，得到如图 3-11 所示两个曲面。

（4）以二、三或四个边缘曲线建立曲面

因为我们画出的曲线比较多，使用以二、三或四个边缘曲线建立曲面命令 ![icon]（EdgeSrf）建立曲面，选择曲线时其实比较自由，我们可以只选择两条边缘线得到一个相对平滑的椅面，也可以选择一条边缘线和中线建面得到面的各两半再进行组合，也可以将曲线在交点处分割，分别建立四个曲面再进行组合。而以此案例来说，像这种复杂的曲线不推荐先建多个面再组合的方式，容易出现面不平滑或是破面的问题，下文会示出以两条边缘线直接建立的曲面。

（5）嵌面

嵌面是由计算机利用逼近算法所得到的曲面，使用建立曲面工具栏下嵌面命令 ![icon]（Patch），先选中下方的四条曲线，建立曲面，再次使用选中上方的四条曲线，建面，得到如图 3-12 所示曲面。在选择嵌面选项时勾选"自动修剪"，软件会将多余的面裁去。

图 3-11　从网线创建完成的曲面

图 3-12　使用嵌面创建完成的曲面

（6）对比

图 3-13 和图 3-14 由左及右依次是"从网线建立曲面""以二、三或四个边缘曲线建立曲面""嵌面"三种不同建面方式所得到的曲面的结构线及面的凹凸程度。

图 3-13　三种建面方式的结构线对比

图 3-14　三种建面方式的凹凸程度对比

从中可以看出以"从网线建立曲面"方式建立的曲面的结构线是最多、最复杂的，而结构线的疏密也可以在使用该命令时调整线条的逼近公差进行调整，公差越小，结构线越多，曲面越逼近曲线的形态，故而面的平滑程度不高。

"以二、三或四个边缘曲线建立曲面"，图中仅使用了两条边缘线建立曲面，可观察到得到的结构线简洁规整，曲面也非常平滑。

"嵌面"得到的结构线是特殊的方格网线，这和建立曲面时嵌面曲面选项的"UV 方向跨距"有关，跨距越大，得到的方格越细密，曲面越逼近曲线的形态，图中的平滑程度略优于"从网线建立曲面"。

图 3-15　椅背的完成图

（7）混接曲面

混接曲面命令旨在对两个曲面之间进行混接，得到一个相对平滑的混接面。在曲面工具下找到混接曲面命令 🔗（BlendSrf），选择两个曲面的边缘建面，可得到如图 3-15 所示椅背。在调整混接曲面面板中可自由调整混接曲面的形态，包括衔接点的曲率连接，一般来说，G2 的曲率便是足够的。若想追求更好的效果，可使用双轨扫掠命令进行两个曲面的衔接。

3.1.2 瓢虫凳设计案例

注射成形工艺可以制造造型丰富的塑料制品，图 3-16 示出的是以注射成形工艺制得的塑料凳子。凳子在凳面使用了红黑两种材料，塑造了"瓢虫"形象，具有一定的趣味性。下面按前文介绍过的建模思路和方法，对瓢虫凳的建模过程进行介绍。

图 3-16　塑料瓢虫凳的设计目标原型

3.1.2.1　整体凳形建模

（1）凳面

① 在 Front 视图中，采用直线工具 （Line）或者矩形工具 □（Rectangle），以原点为中心画出一个尺寸为 280×280 的矩形，如图 3-17 所示。

② 在 Front 视图中，用控制点曲线命令 ▣（Curve）从矩形上边中点向左添加控制点，再竖直向下添加控制点，画出如图 3-18 所示线条。采用旋转成形命令 ▣（Revolve）以右端点为中心，铅垂线为旋转轴，旋转 360°，如图 3-19 所示。

图 3-17　绘制以原点为中心的矩形

图 3-18　以控制点命令绘制的曲线　　　　图 3-19　对曲线旋转所获得的凳面

（2）凳身雏形

① 在 Top 视图中，在 Z 轴为 0 的平面上采用直线工具 或者矩形工具 ，以原点为中心画出一个尺寸为 280×280 的矩形，如图 3-20 所示。以曲线圆角命令 （Fillet），为所绘得的该矩形四个角倒出半径值为 60 的圆角。

② 使用放样命令 （Loft），依次选择凳面底部的圆形底边线条和刚刚绘制的圆角矩形线条，即得到如图 3-21 所示的凳身雏形。

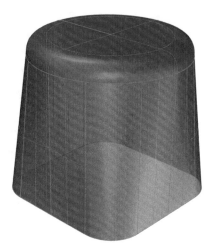

图 3-20　凳面及矩形示意图　　　　　　图 3-21　绘制得到的凳身雏形

3.1.2.2　凳腿部分建模

（1）凳腿雏形

① 在 Front 视图或 Right 视图中，用控制点曲线命令 绘制如图 3-22 所示的曲线，再用旋转成形命令 ，以右端点为中心，以铅垂线为旋转轴，旋转 360°，得到图 3-23 所示柱形。值得注意的是，该曲线的至少前 2 个控制点应保持水平，以使经旋转成形获得的曲面在端部的平滑度更好。

图 3-22　以控制点曲线命令绘制的线条　　　图 3-23　以旋转成形命令获得的曲面

② 使用抽离结构线命令 （ExtractIsoCurve），从放样得到的凳身雏形角部的表面抽取结构线（如图 3-24 所示），依据设计方案截短所抽离出的结构线上端的一部分。

③ 在所抽离获得的结构线的旁边，以单一直线命令 绘制一条铅垂线，进一步使用

变动工具集下的两点定位命令 （Orient），选择步骤① 中绘制得到的曲面物体为"要定位的物件"，依次选择铅垂线的上下两个端点作为参考点，依次选择步骤② 所绘制的结构线上的上下两个端点作为目标点，完成两点定位，得到旋转一定角度的物体（如图3-25所示）。

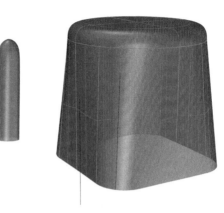

图3-24　抽离曲面上的结构线　　　　　图3-25　利用两点定位命令得到合适角度部件

④ 使用移动命令 （Move），选择物体的顶点，将物体平行移动到所绘制的结构线的顶点，得到一条凳腿的雏形（如图3-26所示）。

（2）裁剪和阵列

① 在 Front 视图得到的凳腿下端以单一直线命令 画一条长度大于凳腿宽度并横穿凳腿的直线段（如图3-27所示），用修剪命令 （Ctrl+T，Trim），延伸切割用"直线（E）＝是"，将直线段以下的凳腿部分裁剪掉，使其下端边缘在同一水平线上（如图3-28所示），复制一条凳腿，并改变它的图层，隐藏该图层（后续步骤中会用到）。

图3-26　经移动后具有凳腿雏形的模型图

图3-27　所绘制的用于修剪的直线段

图3-28　利用直线段修剪后效果图

② 用修剪命令 ，选择放样得到的凳身面作为"切割用物件"，以凳腿上位于凳身内侧的部分作为"要修剪的物件"，通过点选剪掉凳腿向内突出的部分（如图 3-29 所示）。将修剪后的凳腿底端的两个端点用直线连接，再用修剪命令 ![](，选择直线和凳身，修剪掉凳身面位于凳腿中间多余的部分（如图 3-30 所示）。按空格键、Enter 键或鼠标右键可以重复修剪命令，选择凳腿作为"切割用物件"，凳身面作为"要修剪的物件"，修剪掉凳身面位于凳腿中间多余的部分，使凳腿和凳身衔接在一起（如图 3-31 所示）。

③ 在 Top 视图中用环形阵列命令 ，选择上一步骤中的直线和凳腿，以原点为中心，阵列数 4，得到四条凳腿。若凳腿因切割分成两块，可以先对凳腿进行组合 ![](Join）再阵列。阵列后用修剪命令 ，参照上一步骤修剪，可以得到如图 3-32 所示效果。

图 3-29　凳腿被修剪之后的效果示意图

图 3-30　以直线连接有关端点修剪凳身

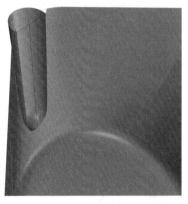

图 3-31　修剪掉凳腿中的多余部分

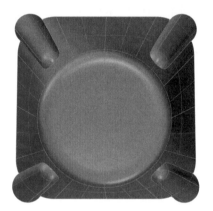

图 3-32　环形阵列修剪后效果图

④ 在 Front 视图中用控制点曲线命令 ![](Curve）画出半个拱门形状曲线，绘制过程中需要考虑让前两个控制点保持水平，用镜像命令 ![](Minrror）选择绘制好的一侧曲线以上端点和铅垂线为对称轴获得另一侧的曲线，构成整个拱门形状，使用组合命令 ![]对两侧曲线进行组合，获得如图 3-33 所示曲线。

⑤ 使用修剪命令，将物体修剪成如图 3-34 所示样式。用 2D 旋转命令![]，旋转 90°，在 Right 视图重复修剪命令![]操作，获得修剪后的模型（如图 3-35）。

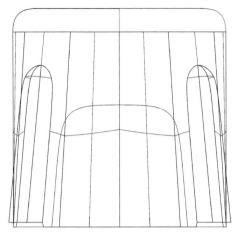

图 3-33　绘制拱门状曲线

图 3-34　进行部分修剪之后的效果

（3）单轨细化

① 使用复制边缘命令，复制拱形边缘然后再进行组合![]，得到图 3-36 中所示曲线 1，用控制点曲线命令![]在 Front 视图画出图 3-37 所示的曲线 2，用单轨扫掠命令，选择曲线 1 作为路径，再选择曲线 2 作为断面曲线，得到一半形状后使用镜像命令![]。

② 在 Top 视图中，使用环形阵列命令![]（Array Polar），阵列数 4，角度 360°，得到如图 3-38 所示效果。用圆管命令（Pipe），半径 0.05，将边缘圆滑（如图 3-39）。同上在 Top 视图将圆管用环形阵列命令![]（ArrayPolar）进行阵列。

图 3-35　修剪后的模型示意图

图 3-36　模型中的路径曲线示意图

图 3-37　模型中的断面曲线示意图

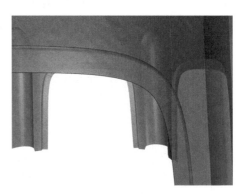

图 3-38　环形阵列效果　　　　　　　图 3-39　对塑料制品的边缘进行圆滑处理

3.1.2.3　凳面图案绘制

① 在 Top 视图中，用控制点曲线命令 （Curve）再结合直线、圆和剪切命令，绘制出一半坐面图案，再用镜像命令 （Mirror）得到另一半图案（如图 3-40 所示），可根据个人喜好对另一半图案进行微调使其更灵动。将绘制好的瓢虫头部轮廓曲线用投影曲线 （Project）命令，投影到座面上。

② 使用分割命令 （Split），先选择坐面，单击鼠标右键确定，再选择画出来的图案，分割。得到如图 3-41、图 3-42 所示的相对完整的瓢虫轮廓形状，至此坐面基本完成。

图 3-40　使用控制点曲线命令绘制图案

图 3-41　分割之后的坐面卡通形象　　　　　图 3-42　经分割的坐面效果图

3.1.2.4　整体细化

（1）凳身细节

在 Front 视图中用椭圆工具 （Ellipse）画出一个椭圆形，然后用修剪命令

（Ctrl+T，Trim），打开视角交点，在凳身上剪去两个椭圆形的洞作为凳子的扣手部位（图3-43）。再用圆管命令 （Pipe），绘制半径为0.2的圆管，对边缘进行修饰，使之看起来更精致（图3-44）。

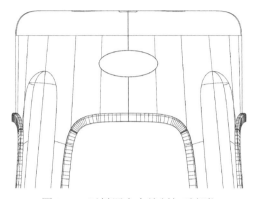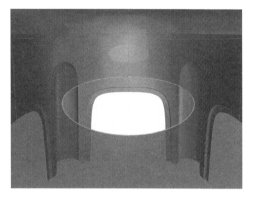

图3-43　以椭圆命令绘制扣手部位　　　　　　图3-44　以圆管命令进行修饰

（2）腿垫

① 显示之前隐藏的凳腿的图层，使用复制边框命令 （DupBorder）或复制边缘命令 （DupEdge）在凳腿圆柱形底端边缘提取圆形，并在其下的地面上绘制一个圆形，作为腿足底部的路径。

② 在Front视图中，用控制点曲线命令 （Curve）绘制出腿足的断面曲线（见图3-45），并使断面曲线与两个圆相连，图3-46为两个圆形与断面曲线的透视图，使用双轨扫掠命令 （Sweep2）得到一个类似马蹄形的环状体（图3-47）。若小圆与底下的大圆距离较小，可参考图3-27自行修剪凳腿长度后再复制圆形边缘。

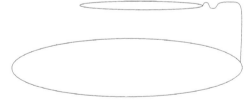

图3-45　绘制腿足断面曲线　　　　　　图3-46　上下双轨及断面曲线示意图

③ 使用分割命令 （Split），选用环状体作为切割物体，分割后得到图3-48中被选中的物体。

④ 用抽离线框命令 （ExtractWireframe）或者抽离结构线命令 （ExtractIsoCurve）对腿足部分的结构线进行提取。通过抽离获得与凳腿相交部位的曲线，如图3-49所示。

⑤ 用延伸曲线命令 （ExtendDynamic），选中环状物，使得曲线在环状物面上延长到足够长（如图3-50）。

⑥ 用分割命令 （Split），选中环状物，再选中两条曲线，将环状物分割成两部分，删去多余的部分（如图3-51）。

图 3-47　通过双轨扫掠所获得的腿足效果

图 3-48　分割删除多余部分

图 3-49　抽离线框图

图 3-50　延长环状物面上曲线

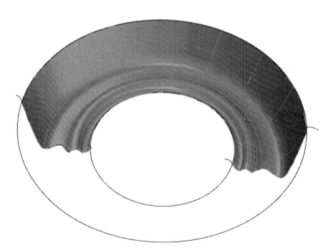

图 3-51　分割后的效果示意图

⑦ 用环形阵列命令（ArrayPolar），以原点为中心，360°范围内环形阵列 4 个，使其他的椅腿也得到一半的环状物（如图 3-52、图 3-53 所示）。

图 3-52　椅腿与环状物　　　　　　图 3-53　四条椅腿在阵列之后获得环状物示意图

3.1.2.5　完成效果

最终产品模型及其渲染效果图如图 3-54 所示。

(a) 最终产品模型图　　　　　　　　　　(b) 渲染效果图

图 3-54　最终产品模型及其渲染效果图

3.2
金属家具造型设计

金属家具，是利用金属材料作为家具的主体框架，搭配木材（包括人造板材）、皮革、织物、海绵、竹或藤材等非金属材料作为人体接触面部件加工而成的家具或完全由金属材料制作的家具。金属家具坚固耐用，款式多样，质量可靠，用途广泛，是居家、办公、酒店、商业等环境的家具优选。

3.2.1　概述

3.2.1.1　金属家具的造型特点

由于金属管材、线材具有柔韧的特性，可以随意弯曲成不同的形状，营造方、圆、尖、扁等不同造型，还可以通过对金属材料的冲压、锻、铸、模压、焊接等加工获得造型各异的金属椅。因此，金属家具常常搭配木材、塑料、皮革、布艺等材料形成对比与协调的艺术效果，往往给人一种冷峻的线条感，而与不同的材料搭配常常给人以不同的心理感受。

这一类家具椅建模的思路：第一步为金属框架的布线，之后依据线条成方、圆或是扁管，第二步则是以其他材料制成的面的建模。故在建模过程中，要尤为注意金属家具模型线条的排布以凸显出其特点。浇铸的家具通常显得厚重、敦实，在 Rhino 中建模与其他工业品建模近似，感兴趣的读者可以自己寻找相关资料，书中不作介绍。

3.2.1.2　金属家具的设计案例

金属家具素以简洁利落的线条式造型与其他材料的家具区别开来，说到金属家具当以金属椅的设计最为夺目。

设计大师马歇尔·拉尤斯·布劳耶设计的瓦西里椅以钢管作为骨架，座面和靠垫饰以皮革，简约大方，轻便耐用。它作为包豪斯崭露头角的第一批产品之一，也是最早应用钢管材料的设计产品之一（图 3-55）。

钻石椅是意大利设计师哈里·贝尔托亚的代表作，作为一把造型特殊的金属网椅，自从 1950 年以来经久不衰，放在今日也与当下流行的北欧风格完美契合。钻石椅在金属丝网的基础上多了像曲面一样起伏的走势，建模时便可以利用沿曲面流动命令（图3-56）。

图 3-55　瓦西里椅

图 3-56　钻石椅

3.2.2　金属联排座椅设计案例

本节内容的建模对象为金属联排座椅，这种金属联排座椅经常于公共场合以多排的方式出现（图 3-57）。金属联排座椅的外形简单，其建模思路可利用由线到体的挤出勾勒出大体形态，再对细节进行修改。因此本节中多次使用了修剪及布尔运算命令，在学习过程中可逐渐对这几种命令熟练掌握。

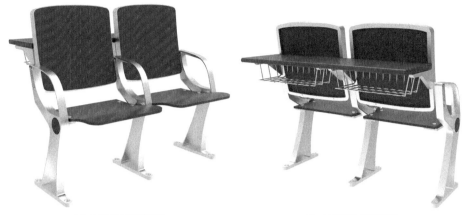

(a) 金属联排座椅正面　　　　　　　　(b) 金属联排座椅背面

图 3-57　金属联排座椅效果图

3.2.2.1　支座

（1）挤出

① 在 Right 视图中，使用单一直线命令 ▨（Line）画一条长度为 900 的垂直线，放置背景图后将其椅高缩放至与垂直线同高，定下联椅高度。

② 观察联椅的结构可知其支座为侧底座及扶手一体化设计，使用控制点曲线命令 ▨（Curve）绘制出支座的侧面轮廓线，如图 3-58 中加粗线所示。

③ 选中图 3-58 中加粗线，按住操作轴 Z 轴中间上的圆圈在水平方向做挤出，长度为40。接着使用偏移曲面命令 ▨（OffsetSrf）向外偏移作出厚度，为 5，再修剪部分多余的边角，可适当使用指定三或四个角建立曲面命令 ▨（SrfPt）将偏移曲面可能出现的缺口补齐。由此，如图 3-59 所示得到一个拥有厚度的支座。

图 3-58　支座侧面轮廓线示意图　　　　图 3-59　挤出并偏移得到的支座面

④ 调整初始线框底部的部分曲线，使其接合；将上一步中外轮廓的内部曲面删除，再使用沿着曲线挤出命令（ExtrudeSrfAlongCrv）建立一个新的厚度为 40 的内轮廓面，如图 3-60 所示。

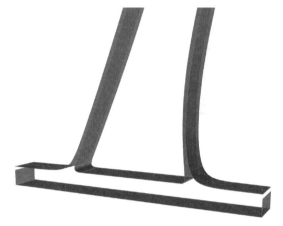

图 3-60　内轮廓面的建立

（2）修剪

① 将底部的曲面向上移动至与外轮廓接合，组合（Join）整个外轮廓面，使用给平面洞加盖命令（Cap）给外轮廓加盖，炸开（Explode），将加盖后的平面修剪（Trim）为图 3-61 所示的形状。

② 整个曲面组合，利用边缘圆角命令（FilletEdge）将椅角边缘变圆，圆角半径为 20。

③ 于 Top 视图中，使用圆柱命令（Cylinder）制作一个半径 15，高度 18 的圆柱体，并将圆柱体提高到合适位置。选中底座，使用布尔运算差集命令（BooleanDifference），再选中圆柱体，完成底座的挖空，如图 3-62 所示。

图 3-61　修剪得到的支座　　　　　　图 3-62　底座的细节处理

（3）混接曲面

① 在 Right 视图中，使用圆柱命令■，画出椅座螺丝孔位，半径为 8，长度为 40。炸开，只保留圆柱侧面，于圆柱侧面曲面单击鼠标右键使用结构线分割命令■（Split），注意分割点的 UV 方向，在合适位置分割出接口并只保留右侧的部分。对座椅架与圆柱平行靠近的曲面进行相同操作，隐藏■（Hide）多余部分，如图 3-63 所示，以便于后面的曲面混接。

② 对刚获得的曲面边缘使用曲面混接命令■（BlendSrf），在对话窗口的位置 1、2 处选择"曲率"，获得如图 3-64 所示效果。

图 3-63　待曲面混接的曲面示意图　　　　图 3-64　使用曲面混接后的曲面示意图

③ 组合剩余的圆柱侧面及混接得到的面，使用复制边框命令■（DupBorder）提取，隔离物件■，保留两侧的曲线，使用单一直线命令■分别连接其端点并组合，使其分别成为封闭曲线，如图 3-65 所示。

④ 使用以平面曲线建立曲面命令■（PlanarSrf）使其各自成面，右键取消隔离■；显示物件■（Show），组合使其成为一个封闭的多重曲面，如图 3-66 所示。

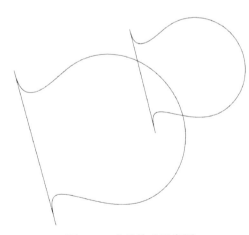

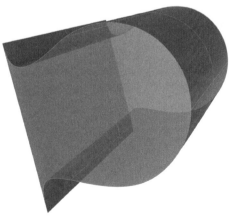

图 3-65　曲线修改示意图　　　　　　　图 3-66　组合后的封闭的多重曲面

⑤ 使用圆柱命令 ▣ 制作一个半径为 6，长度为 40 的圆柱体，接着使用布尔运算差集命令 ▣ ，完成对中间的挖空，如图 3-67 所示。复制该部件，置于下方合适位置并组合整个支座。

⑥ 使用圆柱命令 ▣ 制作一个半径为 35，长度为 40 的圆柱体，置于支座上圆形孔洞内，如图 3-68 所示，至此，支座的建模完成。

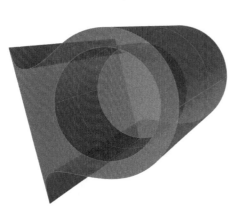

图 3-67　使用布尔运算差集命令后的效果　　　　图 3-68　支座完成

3.2.2.2　座面及靠背

（1）座面

① 于 Right 视图中沿着座面的侧截面描出其轮廓后用实体工具栏中的挤出封闭的平面曲线命令 ▣ （ExtrudeCrv）一键挤出长度为 435 的实体座面。最后对座面角点使用边缘圆角命令 ▣ ，半径为 60，如图 3-69 所示。

② 使用沿着曲线挤出命令 ▣ （ExtrudeSrfAlongCrv）将支座侧面轮廓线中的圆向椅子内部做一个长度为 10 的挤出，作为支座连接座面的一个部件。

③ 在 Right 视图中将座面下的支承连接部件的轮廓绘出，同座面的挤出一致，由线成体。在 Top 视图中绘制出如图 3-70(a) 黑线所示的曲线，在打开视角交点的前提下，使用该曲线对上面做好的挤出物件进行修剪 ▣ ，补齐缺面，给边缘倒一个半径为 5 的圆角 ▣ ，至此，一整个连接部件完成，如图 3-70 （b）所示。

（2）靠背

① 同座面的建模步骤相同，沿着靠背的侧截面描出其轮廓并做长度 455 的挤出 ▣ ，然后将靠背轮廓的曲线上下控制点分别向上和向下拖动一小段距离便于后面靠背的裁剪。

图 3-69　挤出得到的座面

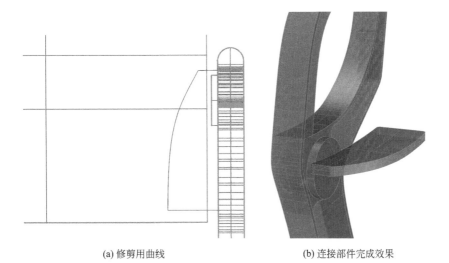

(a) 修剪用曲线   (b) 连接部件完成效果

图 3-70 连接部件建模示意图

② 于 Front 视图中绘制出如图 3-71（a）黑线所示的裁剪曲线，利用修剪命令 ，在打开视角交点的前提下，对靠背进行裁剪；补齐缺面，组合 ，再给四角倒上半径为 25 的圆角 ，如图 3-71（b）所示。

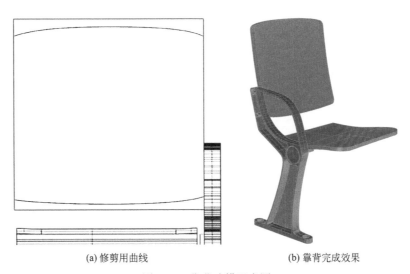

(a) 修剪用曲线   (b) 靠背完成效果

图 3-71 靠背建模示意图

③ 使用复制面的边框命令 （DupFaceBorder）复制出靠背的一侧边框，作为单轨扫掠的路线；使用矩形命令 创建一个长 40，宽 20 的矩形，作为单轨扫掠的断面曲线；使两者的位置关系如图 3-72 所示，注意断面曲线右侧及上方距路线的距离即为金属边框四周宽出木质靠背的长度。使用单轨扫掠命令 （Sweep1）制出金属边框大体形态，可适当使用操作轴的缩放功能缩放至恰能包裹住靠背，后使用布尔运算差集命令 减去靠背的木质部分，制出金属边框，如图 3-73 所示。

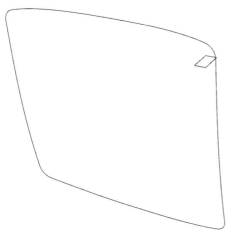

图 3-72　单轨扫掠曲线示意图　　　　图 3-73　靠背的金属边框完成效果

④ 于 Front 视图中使用命令■创建一个半径为 4，长度为 10 的圆柱体，并按住 Alt 键复制出其他三个，其位置如图 3-74（a）所示。

⑤ 在 Right 视图中移动四个圆柱体使其嵌入靠背的金属边框，使用布尔运算差集命令■从金属边框减去这四个圆柱体，"删除输入物件"选择"是"，从而形成金属边框背后的孔位，如图 3-74（b）所示。

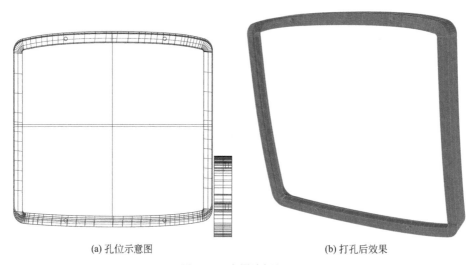

(a) 孔位示意图　　　　　　　　　　(b) 打孔后效果

图 3-74　金属边框打孔

⑥ 按住 Alt 键拖动操作轴复制出联椅的另一张椅子。

3.2.2.3　储物架

① 于 Right 视图中画出椅子后边桌面和桌架的侧边轮廓，拐角处均使用曲线圆角命令■（Fillet）倒一个半径为 2 的圆角，并再次进行挤出成体的操作，对下面的桌面的支承部分做一个 20 的挤出；复制出其他三个桌架于对应位置，且对上面的桌面进行挤出至另一张椅子的端头，如图 3-75 所示。

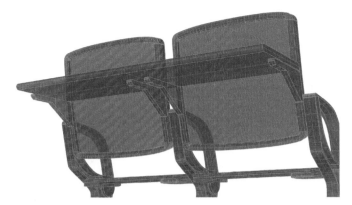

图 3-75   桌面和桌架建模

② 在 Right 视图中沿着铁架的形状画出加粗线所示的曲线，如图 3-76（a）所示。

③ 在 Front 视图中先确定左右两条曲线的位置，再使用均分曲线命令 🖼 （TweenCurves），数目为 8，并将曲线尾部两两连接，绘制出如图 3-76（b）所示曲线，注意拐角处需有半径为 1 的圆角。

④ 最后选择所有曲线，使用圆管命令（平头盖） 🖼 （Pipe），半径为 2.5，铁架完成，如图 3-76（c）所示。至此，椅子大体完成。

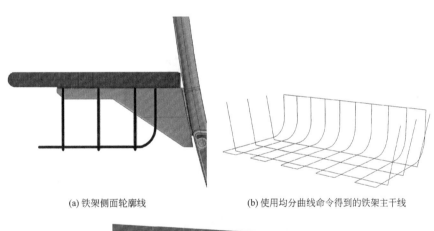

(a) 铁架侧面轮廓线   (b) 使用均分曲线命令得到的铁架主干线

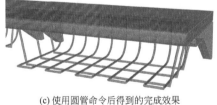

(c) 使用圆管命令后得到的完成效果

图 3-76   铁架建模示意图

3.2.2.4   局部细节

① 创建一个半径为 10，高度为 5 的圆柱体。使用曲面圆角命令 🖼，对上方与下方分别半径定为 2 与 0.5，组合得到螺帽大体形态。

② 在螺帽中心点使用棱锥命令 🔺 （Pyramid），制作一个小型六棱锥，锥头向下。选

中螺帽，使用布尔运算差集命令 ，单击六棱锥，完成螺帽制作，如图 3-77 所示。

③ 将螺帽移动至座面上和连接部件连接之处的合适位置，选中座板，使用布尔运算差集命令 ，单击螺帽。完成座面一个螺丝的细节处理后，接下来依次在相应位置重复上述操作，如图 3-78 所示。也可根据参考图适当对其他需要螺帽的位置进行操作，此处不再示出。至此，金属联椅完成。

图 3-77　螺帽完成效果　　　　　图 3-78　螺帽位置示意图

3.2.2.5　完成效果

金属联排座椅完成效果如图 3-79 所示。

图 3-79　完成效果

3.3
软体家具设计案例

国内的软体家具主要集中在软体沙发、软床、床垫这几类家具。这几年软体家具企业不断在产品上进行创新，使得家具的设计更趋向年轻、时尚化。

软体家具大致包含皮革（动物皮革、人造革皮革）软体家具、木骨架与金属骨架软体家具、无骨架软体家具（以泡沫材料直接发泡成形的软体家具，包括充气和充水家具）。软体家具一般都有柔软的质感，或素色或有图案，外表显得线条圆润、亲和力强、触感柔和。使用 Rhino 制作软体家具的时候，要关注软体家具软包部分的圆润过渡。本节将通过胶囊沙发的常规建模和巴塞罗那椅的细分建模两种建模方式来对 Rhino 软包建模内容展开讲解。

3.3.1 胶囊沙发建模案例

3.3.1.1 壳体

（1）抽离曲面命令

① 在 Front 视图中使用添加一个图像平面命令 ▦（Picture），导入尺寸图，按照图像标注尺寸，一比一调整大小，将其置于"背景"图层并锁定该图层，如图 3-80 所示。并在前视图中用立方体：角对角、高度命令 ▣（Box），建立一个长为 1900、宽为 780、高度为 1500 的长方体，如图 3-81 所示。

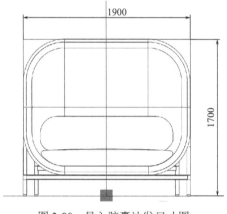

图 3-80　导入胶囊沙发尺寸图　　　　图 3-81　建立长方体

② 对建立好的立方体的一侧使用边缘圆角命令 ▣（FilletEdge），半径为 450，选择长方体背面一侧的八条棱（顶面、底面各 3 条，侧面 2 条），即可做出胶囊沙发的大体形态，如图 3-82 所示。

③ 对没有进行圆角处理的正面一侧，使用抽离曲面命令 ▣（ExtractSrf），选中曲面并抽离出曲面。删掉抽离出的曲面，得到一个简单的壳体模型，如图 3-83 所示。

图 3-82　沙发的大体形态　　　　图 3-83　抽离曲面后的壳体

（2）偏移曲面命令

① 使用偏移曲面命令（OffsetSrf），将原本的模型向内偏移，距离35，方向指向内部，实体选择"否"，得到新的模型。重复上述操作，将得到的新模型继续向内部偏移，距离65，方向指向内部，实体选择"否"，得到新模型。

此时我们界面内共有三个壳模型。建立三个图层，由外到内分别为"外壳""内壳""座垫"，如图3-84所示。

② 隐藏"座垫"与"内壳"图层，显示"外壳"图层，并对外壳模型使用偏移命令，距离35，方向指向内部，实体选"是"，如图3-85所示，得到有厚度的壳。隐藏"外壳"，显示"内壳"并使用偏移曲面命令，对模型进行偏移，距离65，实体选择"是"，方向向内，如图3-86所示。

图3-84　偏移曲面后的三层壳体

图3-85　偏移得到的实体外壳

图3-86　偏移得到的实体内壳

3.3.1.2　座垫

（1）平面洞加盖命令

① 显示"座垫"图层，使用将平面洞加盖命令（Cap），为壳模型加盖，如图3-87所示。

② 开启"背景"图层，显示尺寸图。创建"线段"图层，于Front视图中根据尺寸图，使用曲线命令描绘位于座垫左边的一半座面轮廓线，再利用镜像命令镜像出另一半，组合两条曲线，如图3-88所示。完成后对这条轮廓线用挤出命令（Pause）或拖动操作轴Y轴上的小圆点向两侧拉伸挤出，作为切割座垫用的曲面，如图3-89所示。

（2）布尔分割命令

① 挤出直线后，选中挤出的曲面，选择布尔运算分割命令（BooleanSplit）分割座垫的上下两部分，删减去座垫的上方部分，得到初步座垫，如图3-90所示。

② 切换至Right视图，使用控制点曲线命令（Curve），画出一条曲线，曲线与原模型位置如图3-91所示，曲线的弧度即为切割后的座垫侧面弧度。同步骤①一样，使用挤出命令，将曲线挤出。选择座垫模型，使用布尔运算分割命令（BooleanSplit），再单击挤出的曲面，完成分割。删去多余的部分，得到模型如图3-92所示。

图 3-87　加盖后的未成形座垫

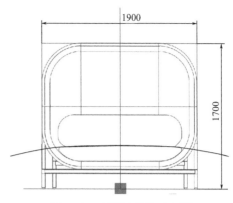

图 3-88　座面轮廓线示意图

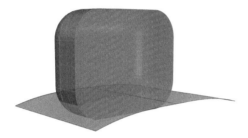

图 3-89　切割座垫用曲面

图 3-90　分割后得到的初步座垫

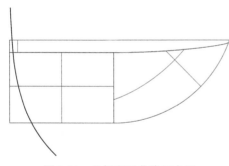

图 3-91　分割所用曲线示意图

图 3-92　分割后得到的座垫大体形态

③选中模型的全部边缘，对模型用边缘圆角命令 ▦（FilletEdge）建立圆角，圆角半径为 45，如图 3-93 所示，至此座垫建模完成。

图 3-93　圆角后得到的座垫

3.3.1.3 靠背软包

（1）转换为细分物件命令

① 座垫完成后，我们下一步将制作靠背软包，打开"背景"图层，隐藏其他图层。切换到 Front 视图，用平面命令角对角 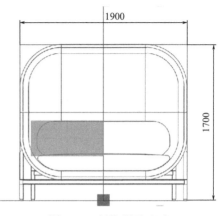（Plane），以尺寸图中的靠背为参考，粗略画出靠背的一半，如图 3-94 所示。

② 对建立的平面进行重建。使用重建曲面命令 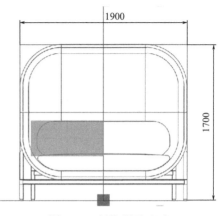，点数全部改为 4，阶数全部为 3。选择"删除输入物件"和"重新修剪"，如图 3-95（a）所示。F10 键开启控制点检查可发现 U 方向与 V 方向控制点数目都为 4 个，如图 3-95（b）所示。

图 3-94　制作所需平面

(a) 设置参数

(b) 重建后的曲面

图 3-95　重建曲面

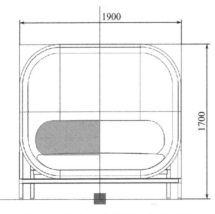

图 3-96　镜像前的靠背软包轮廓面

③ 锁定背景图，按 F10 键控制点调整平面成靠背软包样，如图 3-96 所示，并使用镜像命令 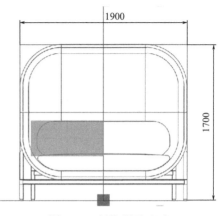（Mirror）生成对称的另一部分，将两个曲面合并在一起。

④ 对平面使用以 NURBS 控制点连线建立网格命令 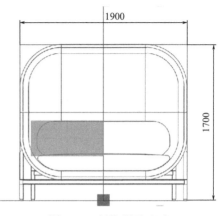（ExtractControlPolygon），得到网格，并删去原来的平面（曲面）。选择网格，使用偏移网格命令 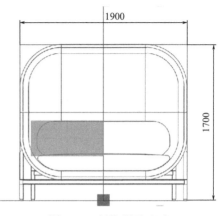，如图 3-97 所示，将网格偏移。

⑤ 对得到的网格使用转换为细分物件命令 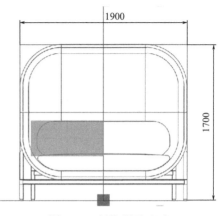（ToSubD），得到靠背，如图 3-98（a）所示。并将靠背移动放置内壳中，如图 3-98（b）所示。

(a) 设置参数　　　　　　　　　　　　　　(b) 偏移后的网格

图 3-97　偏移网格

(a) 使用细分物件命令后的靠背　　　　　　　(b) 靠背位置示意图

图 3-98　靠背软包制作

（2）布尔分割命令

① 切换至正视图，使用单一直线命令 ✏（Line）作出三条直线，如图 3-99 所示。拖动操作轴 Y 轴上的小圆点对其进行挤出，挤出这三条直线，得到分割所用平面，如图 3-100 所示。

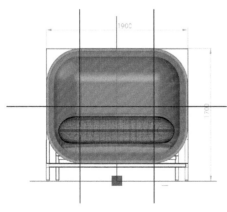

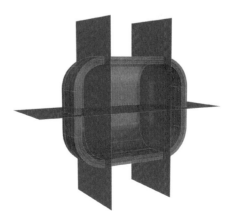

图 3-99　作出三条直线　　　　　　　　　图 3-100　分割所用平面

② 选择内壳与外壳模型，使用布尔运算分割命令 ✂ （BooleanSplit），选择以刚挤出的三个曲面，完成切割。选中外壳及内壳的全部边缘，对其使用边缘圆角命令 🔲 （FilletEdge）建立圆角，圆角半径为 4，如图 3-101 所示。

(a) 分割且圆角后的壳体　　　　　　　　　　(b) 座椅完成

图 3-101　座椅细节完善

3.3.1.4　座椅架

（1）打开实体物件的控制点命令

① 现在开始制作座椅架。参考尺寸图，以立方体命令 ⬛ （Box）制作一个长 1900、宽 600、高 550 的长方体，如图 3-102 所示。

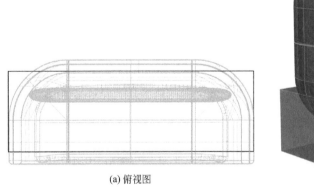

(a) 俯视图　　　　　　　　　　　　　(b) 透视图

图 3-102　座椅架大体形态位置示意图

② 于 Top 视图使用打开实体物件的控制点命令 🔲 （SolidPtOn）编辑长方体的后方，使顶点所对应的棱边贴近外壳，如图 3-103 所示，确定椅架腿部位置完毕后，使用圆管（圆头盖）命令 🟤 （Pipe），半径为 20，分别选中四个顶点所对应的棱边，制作椅腿，如图 3-104 所示。

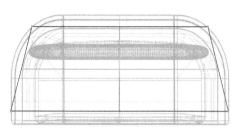

图 3-103　调整立方体后方控制点　　　　　图 3-104　由立方体确认的椅腿

（2）偏移曲面命令

① 使用单一直线命令 ⬚（Line），在下方制作两条直线，如图 3-105 所示，并选择这两条直线，使用修剪命令 ⬚（Trim）将之前所制作的立方体剪切，初步得到椅架横枨。

② 对椅架连接使用炸开命令 ⬚（Explode），选择删去其中左侧边，对右侧边使用设置 XYZ 坐标命令 ⬚（SetPt），并在选择框里选择"设置 X"，对齐后枨的端点，使得右侧边部分垂直于前枨，效果如图 3-106 所示，后复制得到另一侧边，对齐后枨的左侧端点。

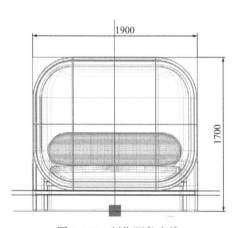

图 3-105　制作两条直线　　　　　　　　图 3-106　椅架横枨的效果

③ 选中横枨，使用偏移曲面命令 ⬚，距离为 5，向两侧偏移并选择实体，如图 3-107 所示。并将后枨向上移动至靠近外壳处，如图 3-108 所示。

④ 使用圆形命令 ⬚（Circle），以右侧的前后圆管形椅腿中心为圆点，半径为 20，制作圆。打开中心点及中点捕捉，进行移动，将两个圆的中心点对齐到前枨侧面底部的中点。

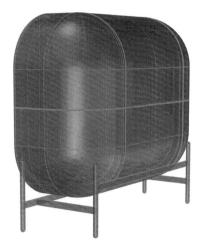

图 3-107　所选横枨向两侧偏移　　　　　　　　图 3-108　后枨调整

⑤ 分别对两个圆进行不同程度的拉伸，后使用偏移曲面命令 ，距离取 1，选择两个生成的挤出物件复制对齐到另一侧，完成制作，如图 3-109 所示。

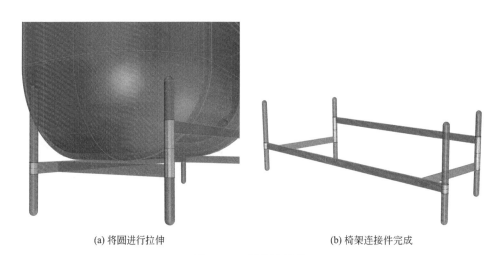

(a) 将圆进行拉伸　　　　　　　　　　　(b) 椅架连接件完成

图 3-109　椅架连接件

3.3.1.5　完成效果

胶囊沙发的软包建模重点在于座垫及靠背，其中靠背使用转化网格后经转换为细分物件命令得到，对转换为细分物件命令进行简单练习可为下一小节做好铺垫；而座垫则是对与壳体形状一致的内层的实体部分进行切割后圆角得到，此做法可使得座垫的边缘紧贴壳体。胶囊沙发的建模较为简单，与前面案例使用的命令不同，涉及的命令有布尔运算中的分割命令、抽离曲面命令及偏移曲面命令等。其中分割命令的效果也可通过布尔运算差集得到，抽离曲面的效果也可以通过炸开实体得到。金属椅的建模中多使用可见性命令，而本案例较强调图层意识，图层的使用也可大大提高物件的隔离及选取等效率（图 3-110，见文后彩插）。

(a) 建模效果

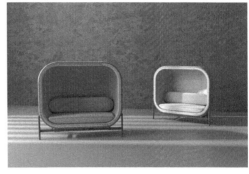

(b) 渲染效果

图 3-110　完成效果

3.3.2　巴塞罗那椅

在软体家具建模中，要格外注意软包部分的建模。如何制作软包得到符合其造型特点的形态，是学习软体家具建模的重中之重。

在产品设计中，像皮包、沙发、充气玩具等软体类造型会经常出现，以下将讲述运用 Rhino 6 构建如图 3-111 所示的家具设计中的经典产品——Barcelona Chair（巴塞罗那椅）软垫的过程。

图 3-111　巴塞罗那椅

3.3.2.1　靠垫格子单元的制作

椅子结构较简单，主体由数个鼓起的"格子"组成的软垫及金属椅脚架组成。根据椅子尺寸，对靠背的格子进行制作。

① 使用矩形平面命令 ▦（Plane），输入图 3-112 所示尺寸构建一个平面，此平面将构成靠背格子单元。

② 选取这个平面，使用重建曲面命令 ▦（Rebuild），按

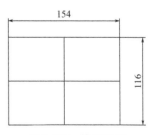

图 3-112　构建平面

图 3-113 所示参数进行重建，增加平面的 UV 方向的控制点，以便后续通过调整控制点来塑形。

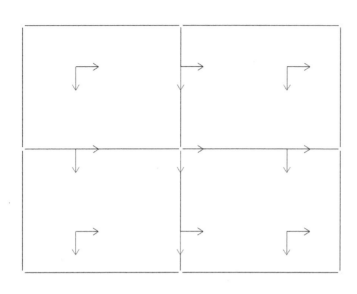

图 3-113　重建曲面

③ 按 F10 键，打开平面的控制点（图 3-114），通过调点令平面鼓起来（图 3-115）。

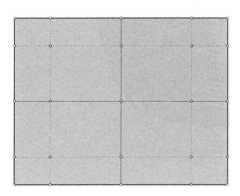

图 3-114　打开控制点

图 3-115　通过调点后鼓起的曲面效果

3.3.2.2　由网格与细分曲面生成整体

① 完成单个格子曲面建模后，选取曲面，使用以 NURBS 控制点连线建立网格命令 （ExtractControlPolygon），由曲面的控制点连线建立网格（原来的曲面建议先隐藏起来），如图 3-116 所示。

② 对这张网格的 4 条边缘分别进行挤出网格操作。过程如下：开启操作轴，然后按住

图 3-116　曲面的控制点连线建立网格

键盘的 Ctrl+Shift 键，按图 3-117 所示框选网格一侧的边之后，鼠标单击操作轴宽度方向上的箭头（X轴）上的小圆点，然后输入"1"（如图 3-118 所示），回车确定，即可挤出 1mm 宽的网格面。

图 3-117　选取网格一侧边缘　　　　　图 3-118　边缘挤出网格

③ 其余的三条边分别按上述方法操作，沿各自方向外挤出新的面（如图 3-119）。

④ 选取网格，运行阵列命令 ▦（Array），按"$X=5$、$Y=4$、$Z=1$"设定阵列，得到图 3-120。

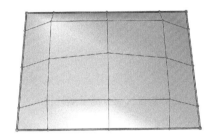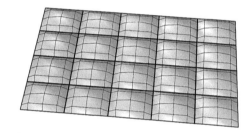

图 3-119　完成挤出后的网格　　　　　图 3-120　阵列网格

⑤ 对于这张网格的四条边缘多余的网格（见图 3-121），需要选取后进行删除。

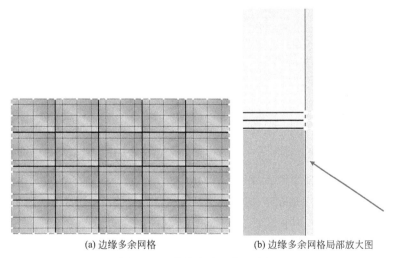

(a) 边缘多余网格　　　　　　(b) 边缘多余网格局部放大图

图 3-121　边缘多余网格示意图

如何快速选取这些网格面？请在 Rhino 界面最下方的状态栏中（图 3-122），单击"过滤器"。再在选取过滤器面板中，选取"子物件"项，勾选"曲面 / 面"（图 3-123）。

图 3-122　Rhino 界面最下方的状态栏

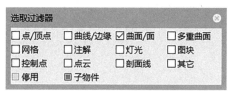

图 3-123　选取过滤器面板

注意：按上述设定后，当前只会选中场景中的网格面，其余对象均不被选上。

⑥ 以框选方法分别选取四边多余的网格，按 Delete 键进行删除，得到如图 3-124 所示物件。

注意：完成删除动作后，请在"选取过滤器"面板中，先取消选取"子物件"，再选取"停用"选项，如图 3-125 所示，以恢复默认的选取模式。

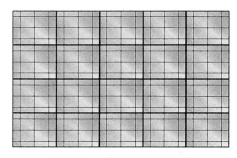

图 3-124　删除四边多余网格

图 3-125　恢复选取过滤器默认模式

⑦ 全选所有网格，使用组合命令 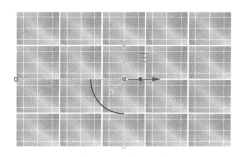（Join），把所有网格组合成一块（图 3-126）。

⑧ 按着键盘的 Ctrl+Shift 键，分别框选网格的外边边缘，单击操作轴的 Z 轴的小圆点，输入"-50"，回车确定，即向下挤出一圈 50mm 高的网格面（图 3-127）。

图 3-126　组合网格

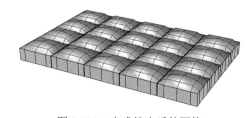

图 3-127　完成挤出后的网格

⑨ 在前视窗口中，使用镜像命令（Mirror）镜像出下半部分，如图 3-128 所示。

⑩ 使用组合命令（Join），把这两块网格组合成一体，如图 3-129 所示。

注意：Rhino 6 的网格功能仍存在不足，组合后的网格仍会有部分顶点未能组合在一起，在后续转换成细分时出现脱开的现象（图 3-130、图 3-131），这点令很多 Rhino 6 用户感到困扰。

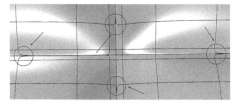

图 3-128　镜像网格

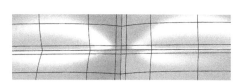

图 3-129　镜像并组合后的网格

图 3-130　网格部分顶点未对齐而转换成　　　　图 3-131　网格顶点对齐后转换成
　　　　　 细分曲面的异常结果　　　　　　　　　　　　 细分曲面的正确结果

⑪ 解决方法：使用网格工具中的以公差对其网格顶点命令▋（AlignMeshVertices），再选取整个网格，注意在指令内的选项中使用"要调整的距离（D）=0.001"设定，回车确认，即可把网格的所有顶点进行一次性对齐好，见图 3-132。

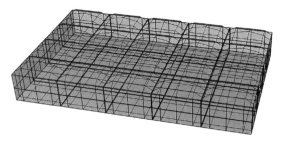

图 3-132　对齐顶点后的网格

⑫ 对齐后的网格，法线方向可能会发生反转现象，使用分析工具▦（Dir）调整网格的法线方向。

⑬ 靠垫的底部是平坦的，所以需要处理一下，按图 3-133 所示，利用 Ctrl+Shift 组合键来框选底部的这部分网格。

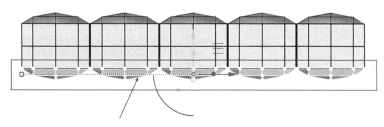

图 3-133　框选底部网格

⑭ 使用设置 XYZ 坐标命令 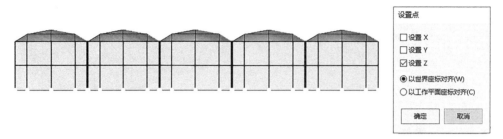（SetPt），以 Z 轴方向压平这部分网格（图 3-134）。

图 3-134　压平网格底部

⑮ 选取网格，在指令栏内输入"tosubd"，回车确认，即得到一个光滑的细分结果（如图 3-135 所示），靠垫中的纽扣位置目前太浅，需要手工拉深一些。

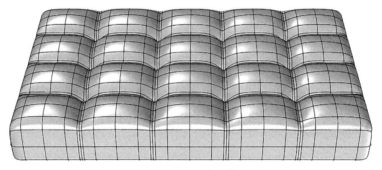

图 3-135　细分网格

⑯ 开启"选取过滤器"，按图 3-136 所示勾选，依次选取图中的这四张细分面。

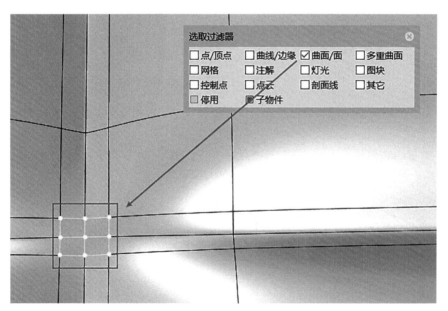

图 3-136　选取四张细分面

这四张细分面正是纽扣的位置，按着 Shift 键，重复上述操作，对整个靠垫的纽扣位置进行选取，如图 3-137 所示。

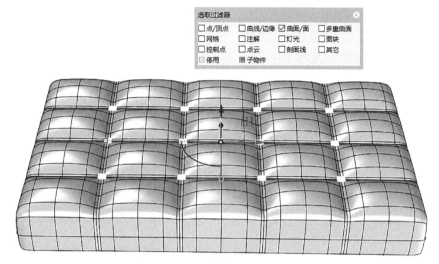

图 3-137　选取整个靠垫的纽扣位置

⑰ 选取完成后，使用操作轴沿 Z 轴方向向下拉，形成凹陷的效果，如图 3-138、图 3-139 所示。

图 3-138　凹陷效果图　　　　　　　　　　图 3-139　渲染图

软体靠垫到此就制作完成了，椅子其他软垫都可以按上述方法进行制作，在此略去。接下来要对靠垫上的一些细节进行制作。

3.3.2.3　制作靠垫上的细节

在 Rhino 6 中细分技术仍处在开发阶段，细分对象未完全兼容其他指令，因此在制作靠垫细节的部分时，使用 Rhino 6 的用户需要把细分对象转成 NURBS 曲面。

① 选取靠垫细分曲面，在指令栏内输入"ToNurbs"指令，回车确认，即把细分曲面转成一个 NURBS 多重曲面。

② 在前视窗口内绘制图 3-140 所示直线，然后利用 Project 命令，投影到曲面上（图3-141），得到靠垫侧边两圈缝合线（图 3-142）。

③ 使用复制边缘、复制网格边缘命令 （DupEdge），在前视窗口、右视窗口中进行框取，提取出靠垫顶部缝合线如图 3-143 所示。

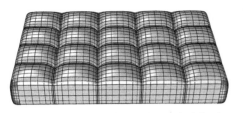

图 3-140　转换得到的 NURBS 多重曲面

图 3-141　投影直线到曲面

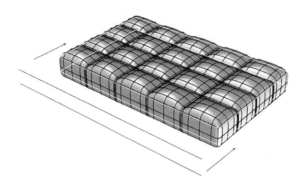

图 3-142　得到的缝合线示意图

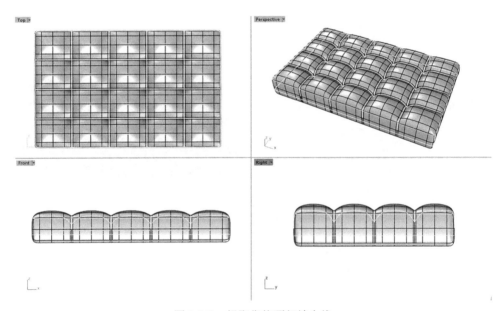

图 3-143　提取靠垫顶部缝合线

④ 全部缝合线提取完成，见图 3-144。

⑤ 缝合曲线已制作好，接着使用圆管命令 （Pipe），尝试输入适合的半径值来生成圆管，建立缝合线实体，结果如图 3-145 所示。

⑥ 使用球体命令 （Sphere）生成纽扣，通过操作轴进行缩放成适合的尺寸，如图 3-146 所示。

⑦ 使用阵列命令 （Array），阵列出其他位置的纽扣，结果如图 3-147 所示。

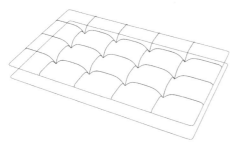

图 3-144　全部缝合线提取完成

图 3-145　使用圆管命令后的缝合线

图 3-146　纽扣示意图

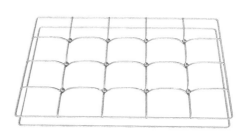

图 3-147　阵列得到其他位置的纽扣

⑧ 最后对靠垫赋上材质，使用光线追踪预览靠垫的渲染的效果（图 3-148）。

图 3-148　使用光线追踪预览靠垫的渲染效果图

3.3.2.4　小结

在 Rhino 6 中，可以把简单的网格对象转换成光滑的细分曲面，而使用细分曲面来塑造这类软体类造型会较为方便和直观。

制作软包的方法众多，对应不同的模型，能够选择灵活的建模方法才是真正掌握

Rhino 的体现。面对软包这种起伏部位数量较大，规律性较强的，可以选择本案例的方法。通过建立曲面获得控制点，再通过控制点形成棱角分明的网格。通过对网格的不断调整和排列组合，再进行统一的形态调整。最终对网格进行细分得到光滑圆润的模型（图 3-149）。

图 3-149　建模完成效果图

🖌 练习巩固

1. 使用 SubD 细分建模命令完成如图 3-150 所示沙发的制作。

(a) 场景图

(b) 模型图

图 3-150　沙发示意图

2. 完成如图 3-2 所示伊姆斯椅的建模。

Rhino

第四章

掌握方法拿下实木家具建模

木质家具根据材质的不同，可分为实木家具和板式家具。本章以实木家具为例，将分别介绍方背椅、清式多宝阁的建模。

4.1
概述

4.1.1 实木家具造型特色

实木家具指主要部分采用实木类材料制作的木家具，有些表面会经过贴面和涂饰。实木家具来自大自然，是大自然给人类的馈赠，它拥有美丽的原木纹理和木本色，给人一种不可言喻的亲切感，反映了人和环境的和谐关系。不仅如此，一般它的使用寿命大概是板式家具的 5 倍以上。

4.1.2 实木家具工艺特点

（1）榫卯结构

榫卯是极为精巧的发明，这种构件连接不仅在中国传统的木建筑中发挥了巨大作用，在家具构件连接这种"小型建筑"中，也少不了它的身影。在明式红木家具中，便有榫卯结合近百种，常见的有格角榫、托角榫、粽角榫、燕尾榫、夹头榫、抱肩榫、龙凤榫、楔钉榫、插肩榫、围栏榫、套榫、挂榫、半榫与札榫等。由于材料的伸缩率不同，木材自身制作的榫槽和榫头的结合比起金属连接构件更能适应木材的干缩湿胀，将构件连接并固定，不易松动。但一般来说，在进行实木家具的建模时，不需对作为连接、隐蔽的榫卯结构深究细节。如需对每个板件进行建模时，灵活运用布尔运算便可完成对榫卯的构建。

（2）工艺流程与建模方法

原木进行开料之后，在木材干燥前对木材进行蒸煮，消除木材生长的残余应力。在木材的平衡含水率干燥至合适的范围后，对木材进行机械加工，包括开榫、打眼、开槽。接着便是对部件进行组装，这一工序看起来虽简单，但对一个家具的质量起着决定性作用，对细节的要求极高。对木材上漆时根据木材的性质，一般对实木上水性木器漆，保留其纹理特色，而对于一些油性高的红木则作蜡封处理。

以上是实木家具加工的一般流程，这与我们在使用 Rhino 建模时的思维模式截然不同。实木的加工可以说是一个修改的过程，建模却是一个从无到有的过程。在建模的时候，模型品质的衡量标准是形态准确、曲面流畅。在此基础之上，根据所需的模型精度使用更直接的方法帮助我们快速高效完成模型构建。

4.2
方背椅建模

方背椅（图 4-1），亦称南官帽椅，是经典的明式家具，椅靠背板、扶手、鹅脖、联帮棍均成曲形，上联帮棍上细下粗，弯曲成夸张的 S 形，为全器增添了活泼之感。座面

图 4-1　方背椅

下装罗锅枨加矮老，与腿间双枨相呼应。本节主要讲解明清方背椅的建模，经过本节学习，掌握多种榫卯结构在Rhino中如何实现。

4.2.1　椅座

① 使用立方体命令■制作出座板的基本轮廓，座板最外围的尺寸为505×360×9。

② 使用立方体命令■制作两个长方体，尺寸分别为：360×10×5，505×10×5。使用移动命令和捕捉命令将它们分别移动到座板的最左侧和最前侧，如图 4-2 所示。

图 4-2　制作两个长方体并移动　　　　图 4-3　镜像长方体

③ 使用镜像命令■将上一步骤的两个长方体镜像至座板的另外一侧，如图 4-3 所示。

④ 使用布尔运算差集命令■，在座板的四周减去四个小长方体，得到有榫头的座板基座，结果如图 4-4 所示。

图 4-4　有榫头的座板基座示意图

4.2.2　穿带

① 以 340×30×18 的尺寸，使用立方体命令■制作出穿带的基本轮廓。

② 使用立方体命令■制作一个尺寸为 35×30×9 的长方体，并移动到穿带的最左侧的下方，接着使用镜像命令■将其镜像至穿带最右侧的下方，位置如图 4-5 所示。

③ 使用布尔运算差集命令■，在穿带的两侧减去两个小长方体，得到有榫头的穿带，结果如图 4-6 所示。

图 4-5　制作长方体并镜像　　　　图 4-6　布尔运算后的有榫头的穿带

④ 在穿带的侧面，用多重直线命令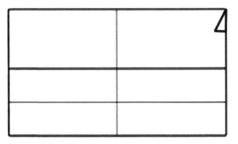绘制出直角边分别为 3 和 1.5 的直角三角形（图 4-7），并使用挤出命令（命令栏中"实体 = 是"），挤出长度为 410 的三棱柱。

⑤ 使用镜像命令将三棱柱镜像至另一侧，并使用布尔运算差集命令，在穿带上减去这两个三棱柱，得到最终形态的穿带，最终结果如图 4-8 与图 4-9 所示。

图 4-7　绘制三角形

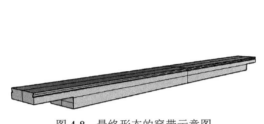

图 4-8　最终形态的穿带示意图

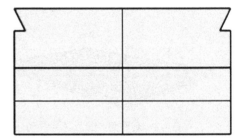

图 4-9　穿带侧视图

⑥ 将穿带移动到底板中央，放置在如图 4-10 所示的位置，穿带带有三角形榫眼的一端与底板相接。使用原地复制命令复制一份穿带，再使用布尔运算差集命令，在底板上减去穿带，得到如图 4-11 所示开了榫槽的底板。

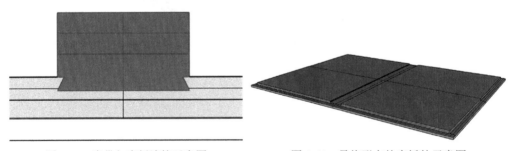

图 4-10　穿带与底板连接示意图　　　　　　图 4-11　最终形态的底板的示意图

4.2.3　抹头

① 先绘制一个尺寸为 65×30 的长方形，并炸开线条。

② 使用弧形混接命令（ArcBlend）连接两条长边，并调至合适的弧度。使用移动命令将弧线的最左侧移至矩形左侧短边的中心上，如图 4-12 所示。

③ 删去矩形左侧的短边，使用剪切命令剪去长边左侧的小短边，再使用曲线圆角命令对右上角的直角倒圆角（半径为 5）。框选所有线条，使用组合命令将其组合，结果如图 4-13 所示。

图 4-12　绘制弧线

图 4-13　剪切完后的示意图

④ 使用挤出命令 （命令栏中"实体＝是"），挤出长度为 464 的立体图形，即抹头的基本轮廓，结果如图 4-14 所示。

⑤ 在俯视图绘制一个边长为 65 的等腰直角三角形，并使用移动命令 将其移至抹头的最左侧，如图 4-15 所示。

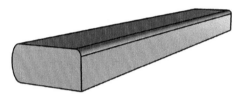

图 4-14　挤出后的立体图形

图 4-15　绘制三角形并移动

⑥ 使用挤出命令 将三角形挤出实体，得到一个三棱柱，使用镜像命令 将三棱柱镜像到抹头另一端，再使用布尔运算差集命令，在抹头的两端分别减去一个三棱柱，如图 4-16 所示。

⑦ 使用立方体命令 制作一个尺寸为 20×20×40 的长方体，再使用移动命令 移动至距离抹头上端和左端均为 23 的位置，再使用镜像命令 将其镜像至另一端，具体位置如图 4-17 所示。

⑧ 使用布尔运算差集命令，分别在抹头的两端减去小长方体，结果如图 4-18 所示。

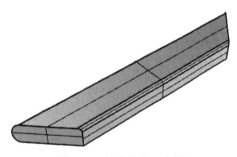

图 4-16　抹头基体示意图

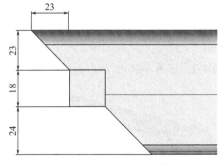

图 4-17　长方体位置示意图

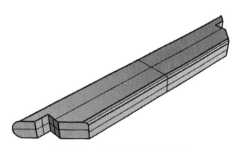

图 4-18　减去两个小长方体

⑨ 使用立方体命令■制作一个 8×12×12 的长方体和一个 8×65×25 的长方体，分别居中放置在端头一侧的这两个位置（图 4-19）。再依次使用镜像命令▥和布尔运算差集命令●在抹头的两端减去这四个小长方体，得到如图 4-20 所示的图形。

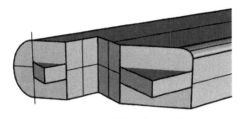

图 4-19　制作两个长方体

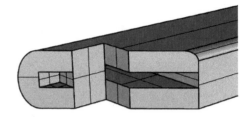

图 4-20　抹头两端减去四个长方体

⑩ 制作一个尺寸为 10×5×350 的长方体，放置在如图 4-21 所示位置（线条加粗的小矩形）。使用布尔运算差集命令●，将其减去，得到与底板相配合的榫眼，布尔运算后的整体如图 4-22 所示。

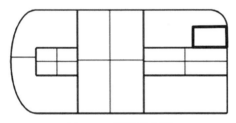

图 4-21　侧面示意图

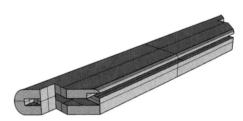

图 4-22　布尔运算后的整体示意图

⑪ 制作尺寸分别为 15×8×15 和 10×5×10 的长方体，置于如图 4-23 所示位置，并用布尔运算差集命令●将其减去，作榫眼，最终得到完整的抹头，如图 4-24 所示。

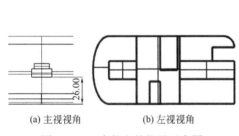

(a) 主视视角　　(b) 左视视角

图 4-23　两个长方体位置示意图

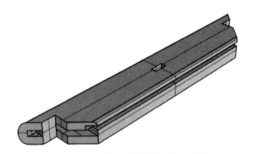

图 4-24　最终形态的抹头示意图

4.2.4　大边

① 根据尺寸，类比做抹头的方法制作出如图 4-25 与图 4-26 所示形态的物体。

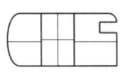

图 4-25　大边的左视图

图 4-26　大边的整体示意图

② 使用立方体命令 绘制两个能够与抹头处相配合的长方体，并使用镜像命令 ，分别置于如图 4-27 所示的位置（左右两边线条加粗部分），使用布尔运算联集命令 （BooleanUnion），将这四个长方体合并到大边基体上。

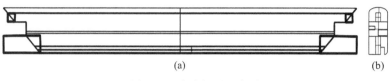

图 4-27　大边位置示意图

（a）主视视角；（b）左视视角

③ 绘制一个横截面为 160×10，高度任意的长方体，放置在如图 4-28 所示的位置（线条加粗部分），并用布尔运算差集命令 将其减去，结果如图 4-29 所示。

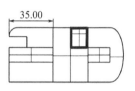

图 4-28　长方体位置示意图

图 4-29　减去长方体的整体示意图

④ 再次使用前面已经做好的穿带，将穿带复制一份得到第二穿带，将第二穿带放置到如图 4-30 所示的位置（线条加粗部分），使得端头突出的部分全部嵌入大边内部，注意有三角形榫头的那一端跟上一步骤得到的方形榫眼要朝向相同。再用布尔运算差集命令 ，将第二穿带减去，从而得到与穿带相配合的榫眼，结果如图 4-31 所示。

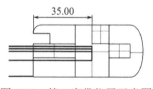

图 4-30　第二穿带位置示意图

图 4-31　减去第二穿带的整体示意图

⑤ 使用立方体命令 绘制一个 15×9×9 的长方体，再使用移动命令 将其放置在如图 4-32 所示的位置（线条加粗部分），使用镜像命令 将立方体镜像到另一边。

⑥ 使用布尔运算差集命令 ，将两个长方体减去，得到与矮老相配合的榫眼，也得到了最终的大边，如图 4-33 所示。

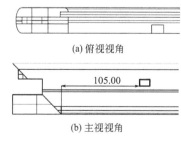

（a）俯视视角

（b）主视视角

图 4-32　长方体的位置示意图

图 4-33　最终形态的大边示意图

4.2.5　联帮棍

① 将尺寸图片导入，作背景，使用二轴缩放命令 （Scale2D）将尺寸图缩放至实际尺寸。

② 根据背景图，在两端绘制两条直线 A 与 B，尺寸分别为 25 和 10，接着使用控制点曲线命令 （Curve）绘制弧度与联帮棍弧度相似的曲线，其中该曲线的两端分别连接在直线 A、B 的中点处。使用圆命令分别以曲线两头端点为圆心绘制直径为 25 与 10 的圆，如图 4-34 所示。

(a) 立面图　　　　　　　　　　　　　(b) 左视图

图 4-34　联帮棍线框示意图

③ 使用单轨扫掠命令 绘制出联帮棍中的不规则柱子，使用加盖命令 （Cap）为柱子的两端加盖，结果如图 4-35 所示。

④ 绘制尺寸为 25×16×8 的长方体，置于如图 4-36 所示位置（立方体接触面的中心与圆心重合），作为榫头。

图 4-35　加盖后示意图　　　　　　　　图 4-36　长方体的位置示意图

⑤ 使用布尔运算联集命令 （BooleanUnion）将长方体与柱体并在一起，最终得到完整的联帮棍。

4.2.6　后腿

① 将尺寸图片导入，作背景，使用二轴缩放命令将尺寸图缩放至实际尺寸。

② 结合背景图，使用圆命令和单一直线命令绘制出下半部分的横截面，横截面由直径为38的圆与两条切线组成，并将其组合为一条曲线，如图4-37所示。

③ 结合背景图与尺寸，绘制一条直线，其倾斜角度大概与背景图的下半部分倾斜的角度相似，该直线在垂直方向上的长度为455。以该直线为路径，使用沿曲线挤出命令，将后腿的下半部分挤出成形，如图4-38所示。

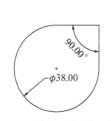

图4-37 横截面线框示意图   图4-38 挤出后的整体示意图

④ 参照上一步骤中的方法绘制出后腿的上半部分，其中上半部分横截面是正圆形，中间连接处与最顶端的部件的横截面是正方形，圆形的直径为30，中间连接处的正方形尺寸为18×18，顶端的正方形尺寸为12×12，结果如图4-39～图4-41所示。

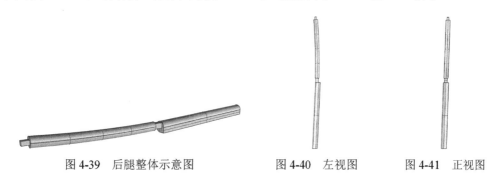

图4-39 后腿整体示意图   图4-40 左视图   图4-41 正视图

⑤ 根据尺寸图，使用立方体命令绘制出多个小长方体，分别放在各个榫眼处（与罗锅枨、步步高枨和横枨相配合），使用布尔运算差集命令，将每个长方体减去，得到最终形态的后腿，如图4-42所示。

(a) 正面   (b) 反面

图4-42 最终形态的后腿示意图

4.2.7 前腿

前腿的建模与后腿的步骤相似，主要运用沿曲线挤出、布尔运算差集、多重直线命令，结果如图 4-43 所示。

(a) 正面
(b) 反面

图 4-43　最终形态的前腿示意图

4.2.8　靠背板

① 将尺寸图片导入，作背景，使用二轴缩放命令将尺寸图缩放至实际尺寸。

② 绘制一个尺寸为 10×160 的矩形框。结合背景图使用曲线命令绘制出靠背板的弧度。

③ 使用沿曲线挤出命令或操作轴，挤出靠背板，结果如图 4-44 所示。

图 4-44　最终形态的靠背板示意图

4.2.9　搭脑

① 将尺寸图片导入作背景，将尺寸图缩放至实际尺寸。

② 使用控制点曲线绘制出搭脑的弧度曲线 A，注意正视图（图 4-45）与俯视图（图 4-46）都要对应好。先绘制一半的曲线，再使用镜像命令得到另一半，以保证两边曲线弧度一致。

图 4-45　曲线正视图
图 4-46　曲线俯视图

③ 以曲线 A 为路径，使用圆管命令 绘制出直径为 30 圆管，即搭脑的基本轮廓，会发现在端头转角处出现如图 4-47 所示的错误，需要修正。绘制一个平面，放置在合适的位置，再使用剪切命令 将错误的面切掉，重新建面，结果如图 4-48 所示。

④ 绘制直径为 30 的圆，使用控制点曲线命令 绘制出如图 4-49 所示曲线，并与圆的四分点连接。使用内插点曲线命令 （InterpCrv）绘制如图 4-50 所示的曲线，将四条曲线的中点连接起来。

⑤ 使用双轨扫掠命令 ，以上下一长一短曲线为路径，两个圆和一个椭圆为截面绘制得到如图 4-51 所示的圆管状曲面。使用群组命令 （G，Group）将曲面与圆管组合一起，使用加盖命令 （Cap）给圆管状曲面加盖，结果如图 4-52 所示。

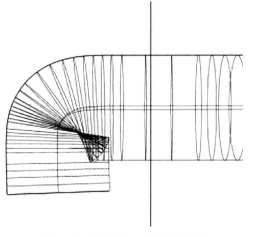
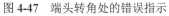

图 4-47　端头转角处的错误指示

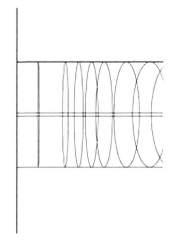

图 4-48　剪切后的示意图

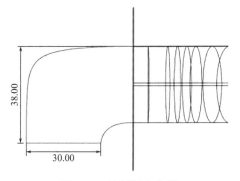

图 4-49　绘制圆和曲线

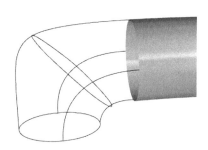

图 4-50　内插点曲线命令绘制曲线

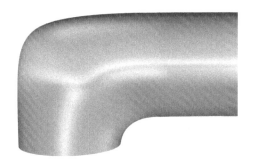

图 4-51　双轨扫掠后的示意图

图 4-52　加盖后的示意图

⑥ 在搭脑的中心将另一半截掉，使用镜像命令得到另外一半（图 4-53）。

图 4-53　搭脑基体的整体示意图

⑦ 绘制三个尺寸分别为 12×12×20、12×12×20、160×10×10 的小长方体，分别

放置左右两端和中间部分，再使用布尔运算差集命令●将小长方体减去，得到与后腿和靠背板配合的榫眼（图4-54）。

图4-54　最终形态的搭脑示意图

4.2.10　扶手

① 将尺寸图片导入作背景，将尺寸图缩放至实际尺寸。

② 使用控制点曲线绘制出扶手的弧度，注意俯视图与正视图都要对应好。

③ 以该曲线为路径，使用平头圆管命令●，绘制出半径为15的扶手轮廓，结果如图4-55、图4-56所示。

图4-55　正视图

图4-56　俯视图

④ 在距离右端185处绘制一个直径为10、高度为15的圆柱体，并用布尔运算差集命令●将其减去，得到与联帮棍相配合的榫眼，如图4-57所示。

⑤ 绘制一个尺寸为12×12×20的长方体放置在图4-58所示位置，并用布尔运算差集命令●将其减去，得到与前腿上端相配合的榫眼，结果如图4-59所示。

图4-57　减去的圆柱体　　　　　　　　图4-58　长方体放置的位置

⑥ 使用圆柱体命令●（Cylinder）绘制一个半径为15，高度任意的圆柱体，放置在扶手的最左端，并用布尔运算差集命令●将其减去（图4-60），绘制一个20×10×30的长方体，放置在最左端，并用布尔运算联集命令●（BooleanUnion）将其与整体合并，得到最终的扶手，如图4-61所示。

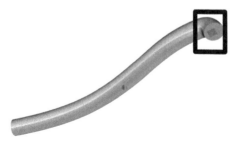

图4-59　减去长方体

图4-60　布尔运算后的扶手最左端

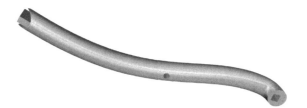

图 4-61　最终形态的扶手示意图

4.2.11　矮老

① 使用立方立体命令 ⬛ 制作出 15×15×71 的立方体，并使用边缘圆角命令 🧊 （FilletEdge），对立方体上方边缘进行倒圆角处理（图 4-62）。

② 使用立方体命令制作一个 10×5×15 立方体，放置左上方顶点处，制作两个 10×4×15 立方体，分别放置两侧下方顶点处，使用布尔运算差集 🔵，获得如图 4-63 所示外形。

图 4-62　矮老外轮廓

图 4-63　步骤②结果

③ 使用控制点曲线命令 🔲，开启捕捉端点与中点，绘制如图 4-64 所示曲线，并使用投影曲线命令 🔳（Project），使曲线投影到模型上。

④ 在顶点下方 5mm 处，对投影曲线使用剪切命令 ✂（Ctrl+T，Trim），结果如图 4-65 所示。

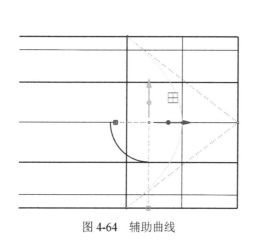

图 4-64　辅助曲线　　　　　　　　　　图 4-65　修剪后的辅助曲线

⑤ 使用单一直线命令，补齐辅助曲线缺口，并额外绘制两条对称直线（图 4-66），将之前绘制的投影曲线进行分割🔲。使用双轨扫掠命令🔲（Sweep2），得到如图 4-67 所示曲面。

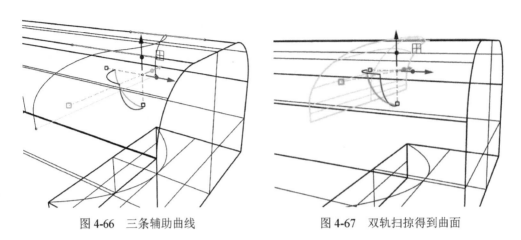

图 4-66　三条辅助曲线　　　　　　　　　图 4-67　双轨扫掠得到曲面

⑥ 使用三轴缩放命令🔲，对得到的曲面以底点中点为起点进行缩放。使用操作轴对缩放后的曲面进行实体拉伸，结果如图 4-68 所示。对矮老的基本型与得到的实体模型进行布尔差集运算🔲，得到矮老（上），结果如图 4-69 所示。

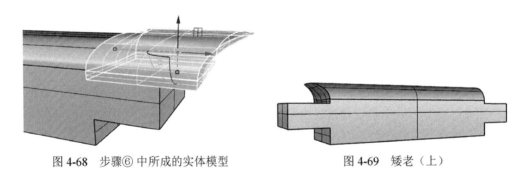

图 4-68　步骤⑥中所成的实体模型　　　　　图 4-69　矮老（上）

⑦ 使用立方体命令🔲制作尺寸为 35×16×15 和 15×10×5 的立方体，复制小立方体，分别放于四个角，位置如图 4-70 所示。使用布尔差集运算命令🔲，在大立方体中减去小立方体，得到矮老（下），如图 4-71 所示。

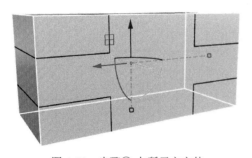
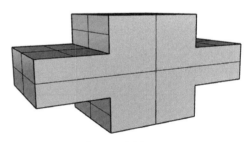

图 4-70　步骤⑦中所示立方体　　　　　　　图 4-71　矮老（下）

4.2.12 罗锅枨

① 建立尺寸为 539×35×20、54×10×20（两个）、373×10×20 的立方体，分别放在两端与中间位置，使用布尔运算差集命令 ，选中大立方体，减去三个小立方体形状，结果如图 4-72 所示。

② 使用边缘圆角命令 ，对转角处的四个小矩形面的边缘进行圆角处理，半径为 4。再对模型上半部分边缘进行圆角处理，半径为 3。获得罗锅枨大体形态，如图 4-73 所示。

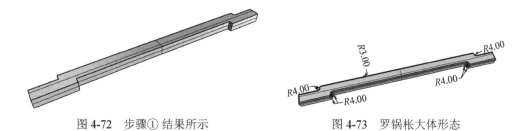

图 4-72 步骤① 结果所示   图 4-73 罗锅枨大体形态

③ 结合控制点曲线命令 与投影曲线命令 确定榫卯位置，操作同矮老（上），曲线位置如图 4-74 与图 4-75 所示。

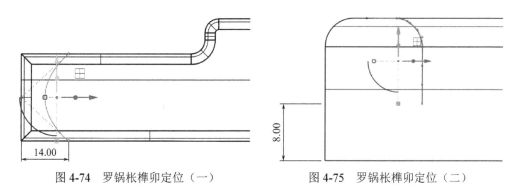

图 4-74 罗锅枨榫卯定位（一）   图 4-75 罗锅枨榫卯定位（二）

④ 使用辅助曲线做出曲面后，对曲面进行三轴缩放，将缩放后的曲面使用操作轴拉伸，得到一个实体模型（图 4-76），使用布尔运算差集命令 ，从罗锅枨上减去榫卯外形，结果如图 4-77 所示。

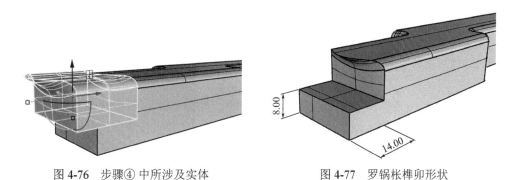

图 4-76 步骤④ 中所涉及实体   图 4-77 罗锅枨榫卯形状

⑤ 使用多重直线命令 （Polyline）在模型中位置绘制一条直线，并剪去未做榫卯处理的部分，通过镜像得到另一半，再组合物体，得到罗锅枨（长），如图 4-78 所示。

⑥ 绘制一条长 394 的直线，复制一份罗锅枨（长），并移动到直线端点处，使用单一直线命令（Line）在中点绘制直线，使用直线对罗锅枨（长）进行修剪。再参照罗锅枨（长）步骤，对物件进行镜像和组合，得到罗锅枨（短），如图 4-79 所示。复制矮老（上），并移动到如图 4-80 所示位置，通过布尔运算差集命令得到榫眼，结果如图 4-81 所示。

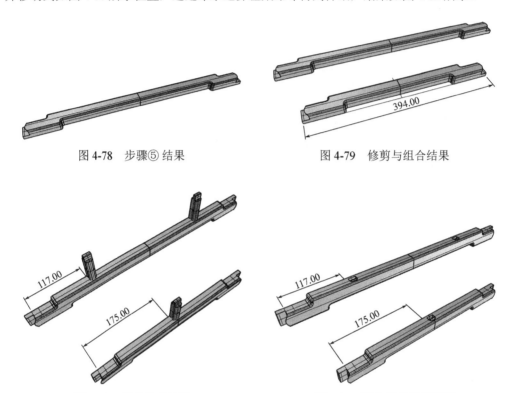

图 4-78　步骤⑤ 结果　　　　　　　图 4-79　修剪与组合结果

图 4-80　矮老移动结果　　　　　　图 4-81　两个型号的罗锅枨

4.2.13　步步高枨

① 使用立方体命令，分别制作尺寸为 611×35×25、38×25×14 的立方体，将其置于大立方体的下方左侧端点处。通过布尔运算差集命令减去立方体，再使用边缘圆角命令对上方边缘进行圆角，半径为 5，结果如图 4-82 所示。

图 4-82　步骤① 结果

② 步步高枨左端的榫卯部分建模参照矮老部分，如图 4-83 ～图 4-85 所示。

③ 后步步高枨（图 4-86）与侧步步高枨（图 4-87）的建模步骤参考罗锅枨部分。复制矮老（下），并移动到如图 4-88 所示的侧步步高枨上，使用布尔运算差集命令，得到榫眼，如图 4-89 所示。

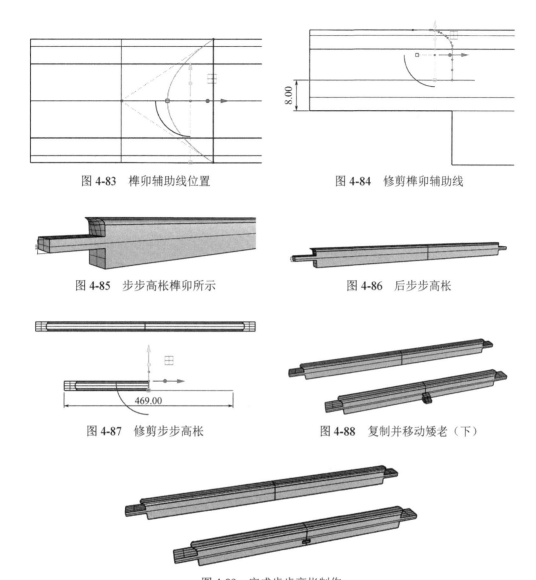

图 4-83　榫卯辅助线位置　　　　　　　　图 4-84　修剪榫卯辅助线

图 4-85　步步高枨榫卯所示　　　　　　　图 4-86　后步步高枨

图 4-87　修剪步步高枨　　　　　　　图 4-88　复制并移动矮老（下）

图 4-89　完成步步高枨制作

4.2.14　下横枨

① 建立尺寸分别为 $569 \times 20 \times 20$、$20 \times 14 \times 6$ 的立方体，放于大立方体的下方左侧端点处。使用布尔运算差集命令 ⚫ 减去立方体。再通过边缘圆角命令 🔳 对上方边缘进行圆角处理，半径为 5，结果如图 4-90 所示。

图 4-90　步骤① 结果所示

② 操作同步步高枨。具体细节如图 4-91～图 4-93 所示，其中长 569 的下横枨为侧下横枨，长 422 的下横枨为前下横枨。

③ 复制三个矮老，在如图 4-94 所示位置使用布尔运算差集命令 ⚫，图 4-95 为最终结果。

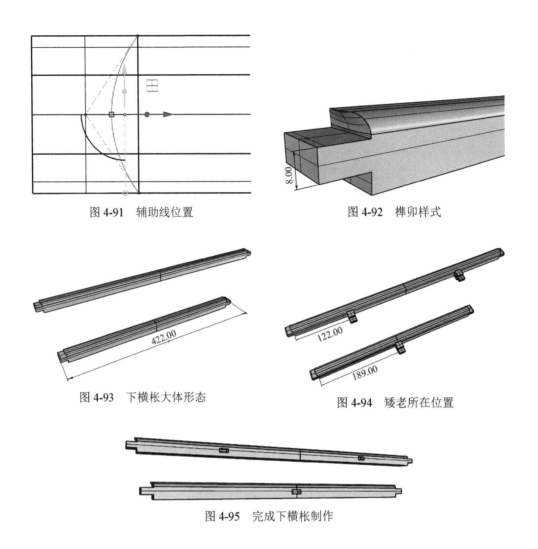

图 4-91　辅助线位置

图 4-92　榫卯样式

图 4-93　下横枨大体形态

图 4-94　矮老所在位置

图 4-95　完成下横枨制作

4.2.15　脚踏

① 结合曲线命令与多重直线命令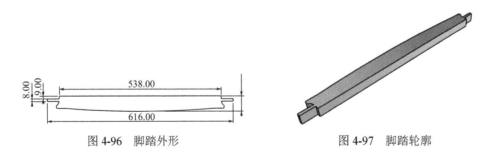，画出脚踏外形（图 4-96）。通过挤出封闭的平面曲线命令（单向，长度为 25），可得到图 4-97 所示物件。

图 4-96　脚踏外形

图 4-97　脚踏轮廓

② 复制两个矮老，放到如图 4-98 所示位置，使用布尔运算差集命令。再对边缘进行倒圆角处理，半径设为 0.5。完成脚踏制作，结果如图 4-99 所示。

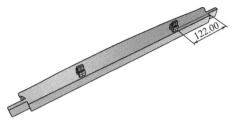

图 4-98　矮老位置

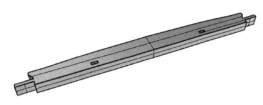

图 4-99　完成脚踏制作

4.2.16　组合拼装

根据图 4-100 将所有零件组合到一起，完成方背椅制作，最后结果如图 4-101 所示。

图 4-100　方背椅所有零件组合

图 4-101　方背椅模型

4.2.17　小结

本节旨在向读者介绍传统实木家具的构成及其零部件建模。在建模过程中要注重尺寸的细节，尤其是榫头和榫眼部分。制作这种零部件多的模型，更要注重图层的管理，并养成及时保存文件的习惯。

文中多使用布尔运算联集与差集命令进行榫卯构建，在框架形态部分，除了控制点曲线命令以及镜像、移动、缩放等变动工具的应用，还涉及扫掠、圆管、加盖等常用命令，可以帮助读者更好地熟悉 Rhino 的操作。

4.3
多宝阁建模

多宝阁又称"百宝阁"或"博古阁"，是专用于陈设古玩器物的（见图 4-102）。它是从清代兴起，并十分流行的家具品种。多宝阁可以呈现出高低错落的视觉效果，很是通透。它将格内做出横竖不等、高低不齐、错落参差的一个个空间。人们可以根据每格的面积大小和高度，摆放大小不同的陈设品。我们本节主要讲解多宝阁的建模，研究多宝阁家具，了解其结构，大概明确每个部件的样式，这样更有利于后续的建模。

图 4-102　多宝阁

4.3.1　参考图导入

① 为方便后续建模开展，我们在 Rhino 中导入多宝阁的图片。这样便于我们在建模的时候及时观察模型是否正确。

② 使用添加一个图像命令 （Picture），见图 4-103，将参考图导入到软件的 Front 视图中，此时先不调整参考图的大小。

图 4-103　插入参考图的命令

4.3.2　框架建模

（1）框架顶板

① 观察图 4-102 可知，多宝阁为框式实木家具，建模时，先建立其框架。

图 4-104　建立框架顶板（立方体 1）

② 在 Top 视图中，使用立方体命令 ■（Box），键盘输入数值"0"，将立方体的起点定位坐标原点。再输入数值"1460""650""60"，此步骤为确定立方体的长、宽、高，见图 4-104 立方体 1。该立方体将作为多宝阁的顶部（顶板）。

③ 确定了多宝阁的顶部，就可以调整参考图的大小了，切换回 Front 视图中。先使用移动命令 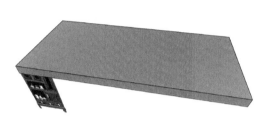（Move），鼠标左键单击参考图中的多宝阁的左上方顶点，作为移动的起点，移动至与立方体左上方顶点重合，见图 4-105。然后使用缩放命令 （Scale），起点端点选多宝阁左上方顶点，终点端点选多宝阁右上方顶点，完成选中后，将其放大到与立方体一样大小，见图 4-106。

图 4-105　参考图与立方体 1 做顶点对齐

图 4-106　参考图缩放至与顶板大小一致

④ 使用立方体命令 （Box），建立立方体 2，键盘输入数值 "0"，将立方体 2 的起点定位坐标原点，再输入数值 "1480""670""40"。随后调整立方体 2 的位置，使得立方体 1 与立方体 2 的中心对齐，如图 4-107 所示。

⑤ 使用布尔运算联集命令 （BooleanUnion），选中调整好位置的立方体 1 与立方体 2，按键盘空格键或 Enter 键完成命令。柜顶大致造型完成，最后使用边缘圆角命令 （FilletEdge），半径数值为 4，选中所有的边缘，进行倒圆角处理，效果如图 4-108 所示。

图 4-107　立方体 1、2 位置调整

图 4-108　所有边缘倒圆角

（2）多宝阁全身框架

① 完成多宝阁的顶部制作，我们开始制作整体框架。观察参考图，先制作正面水平方向的木条。在 Front 视图中，使用立方体命令 （Box），键盘输入数值 "1400""40""20"，建立立方体 3（横木条），并根据参考图，将立方体 3 移动到正确位置，见图 4-109（为便于观看，暂时先隐藏柜体顶板）。

② 在制作正面竖直方向的木条。在 Front 视图中，使用立方体命令 （Box），鼠标左键单击立方体 3 的左上方顶点，键盘输入数值 "40""2050""40"，建立立方体 4（竖木条）。并根据参考图，适当调整位置，见图 4-110。

③ 在 Top 视图中，使用矩形平面：角对角命令 （Plane），建立一个平面，大小为 300×300（更大也行）。切换至 Front 视图中，使用旋转命令 （Rotate），顺时针旋转 45°，并调整位置，与立方体 3、4 均有相交，结果如图 4-111 所示。

图 4-109　立方体 3（正面横木条）

图 4-110　立方体 4（正面竖木条）

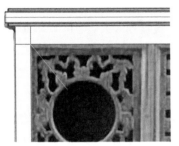

(a) Front视图中旋转45°

(b) 透视图

图 4-111　平面的位置

④ 在 Front 视图中，选中立方体 3（正面横木条），使用布尔运算分割命令
（BooleanSplit），再选刚才建立的平面，记住，要在"删除输入物件（D）＝否"的状态下。
完成后，删除被减去的图形。

⑤ 不要移动平面的位置，对立方体 4 同样进行布尔运算分割命令 (BooleanSplit)。
具体操作不再赘述，最终效果如图 4-112 所示。

(a) 布尔运算分割命令

(b) 平面的位置(透视图)

图 4-112　布尔运算分割后的效果

⑥ 多宝阁的实木框架大多都为这样的连接方式，依据上述的方法，将整体的框架都
做出来即可，如图 4-113 所示。不一定非要用布尔运算的方式，采用布尔运算是为了让

大家熟悉这个命令，以后在别的模型制作中，该命令也会经常使用，经布尔运算获得的物体，都会自动封盖。

⑦ 完成所有步骤后，要对所有建立好的模型进行倒圆角处理，使用边缘圆角命令 （FilletEdge），数值输入 1，再选中所有框架的边，即可完成倒圆角处理。效果可看图 4-114。

图 4-113　整体框架图　　　　　　图 4-114　倒圆角处理

⑧ 观察图 4-115 中多宝阁内部框架，在 Front 视图中，使用单一直线命令 （Line），并利用参考图为依据，画出内部框架的直线，如图 4-116 所示，为制作其框架做准备。

(a) 多宝阁正视图　　　　　　(b) 多宝阁透视图

图 4-115　多宝阁参考图

⑨ 认真观察内部框架的木条，见图 4-117，发现其带有特殊形状。仔细观察形状，在 Top 视图中，绘制形状的截面曲线，下面称截面曲线 1。注意，截面曲线 1 的大小要与参考图中内部框架木条的大小一致。具体绘制步骤如下。

在 Front 视图中，使用单一直线命令 （Line），建立一条长度与内部框架木条一样长的直线。随后切换至 Top 视图中，使用重建曲线命令 （Rebuild），点数改为 5，阶数改为 3，具体参数参照图 4-118 的参数面板。最左侧与最右侧的控制点不动，调整其他控制点，达到图 4-119 的形状。

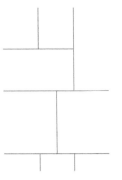

图 4-116　Front 视图中绘制内部框架的直线

图 4-117　内部框架图

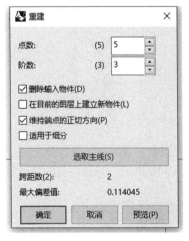

图 4-118　重建曲线命令面板参数

图 4-119　截面曲线 1 的大体形状

　　将截面曲线 1 移动到内部框架直线上，曲线凸起点与直线端点重合，使用单轨扫掠命令 （Sweep1），路径为直线，断面为截面曲线 1，得到如图 4-120 的效果，全部内部框架制作完毕后如图 4-121 所示。

图 4-120　单条直线单轨扫掠的结果

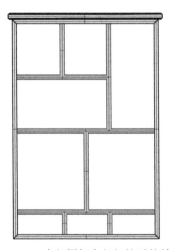

图 4-121　内部框架全部扫掠后的效果

（3）多宝阁内部框架细化

① 完成大的框架后，还要完善小的框架，在参考图中画一条与参考图中内部小框架木条同样大小的直线，效果如图 4-122 所示。切换至 Top 视图，使用重建曲线命令 （Rebuild），改变点数为 5，阶数保持 1，具体参数参考图 4-123。

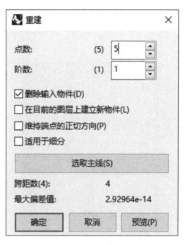

图 4-122　根据参考图确定直线大小　　　　图 4-123　参数面板

② 重建曲线后，调整最内部的三个点，调整至如图 4-124 所示的形状，完成后再使用曲线圆角命令 （Fillet），对尖锐的角进行倒圆角，数值为 5，也可自行控制数值，以保证效果与图 4-125 大致一样。

图 4-124　重建曲线初步调整　　　　图 4-125　倒圆角后曲线效果

③ 使用矩形：角对角命令，沿着多宝阁内部的格子绘制，并将上一步骤命令中绘制的曲线的左端移动至与该矩形贴合，位置参考如图 4-126 所示，使用单轨扫掠命令 （Sweep1），选中矩形为路径，曲线为截面形状，完成扫掠后即可得到内框形状，效果如图 4-127 所示。

图 4-126　矩形与内框的位置关系　　　　图 4-127　单轨扫掠后完成内框的另一部分

4.3.3　门板建模

（1）柜子面板建模

① 对所有格子都完成单轨扫掠 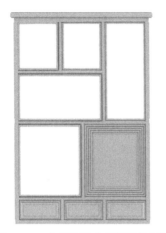（Sweep1），得到全部内框，如图 4-128 所示。注意，右下角的大格子，需要做 4 个内框边缘，如图 4-129 所示。并且，用立方体命令 🟦（Box），在该格子中，建立一个门板。

| 图 4-128　全部格子内部框架的制作 | 图 4-129　大格子制作 |

② 独立显示门板，在门板内部再建立一个稍微小一些的立方体，移动放在门板的中心位置；选中两个物体，使用布尔运算联集命令 🔵（BooleanUnion），此时两个物体合成一个。然后我们对两个物体的交界处的地方进行倒圆角处理［使用边缘圆角命令 🟦（FilletEdge），此处的半径值分别是 1.5 与 1］，使得门板效果类似于参考图即可，效果如图 4-130。

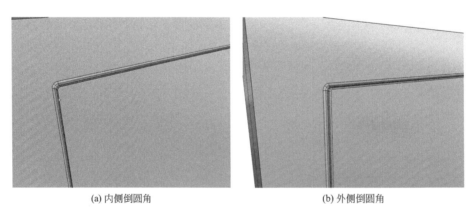

(a) 内侧倒圆角　　　　　　　　　　(b) 外侧倒圆角

图 4-130　物体交界处倒圆角处理

（2）抽屉面板建模

按照上述做法，将下方的抽屉面板完成制作，在此处就不再赘述步骤。需要注意的是，现实工艺中，门板、抽屉面板都要比框架略微小些，我们在建模的时候，也要注意该问题，控制门板的大小，使得门板稍小于内框，最终效果如图 4-131。

（3）雕花门板绘制

① 取消所有物体的隐藏，依据参考图，画出多宝阁小柜子的花纹图案，观察多宝阁雕花图案，其为高度轴对称图形，仅需绘制出四分之一的镂空图案即可，见图 4-132。选中所有绘制的图案，使用直线挤出命令 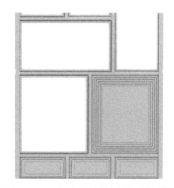（ExtrudeSrf），挤出长度 =100（数值不唯一，比多宝阁门板厚度厚一些即可），如图 4-133。

图 4-131　抽屉面板的最终制作效果

图 4-132　用曲线命令绘制雕花图案

图 4-133　将绘制好的图案进行挤出

② 隐藏参考图，使用单一直线命令 （Line），绘制小柜子的对角线，以确定小柜子内部的中心点位置。确定了中心点位置，我们就可以建立柜子门板，我们仅需建立其中的四分之一即可，控制门板厚度为 10，见图 4-134。建立完毕后，选中门板，使用布尔运算差集命令 （BooleanDifference）（此次使用布尔需再依次选中描绘的图案），完成后，按键盘 Enter 键即可。得到如图 4-135 所示图形。

图 4-134　建立多宝阁雕花门板

图 4-135　布尔运算制作出雕花效果

③ 将上一步骤绘制的四分之一门板进行上下、左右镜像 （Mirror）复制，即可得到完整的门板雕花图案，如图 4-136。依据参考图，门板中间画一圆柱体。用同样布尔运算差集 （BooleanDifference）的方式，在门板掏出洞口来，圆柱体位置如图 4-137 所示。

图 4-136　初步的雕花效果　　　　　　　图 4-137　利用圆柱体进行布尔运算

（4）边缘倒圆角处理

① 经过前述建模步骤，门板的制作已经大致完成，但边缘生硬而缺乏真实感，其效果如图 4-138 所示。为更接近现实生活的物体，我们仍需对物体进行边缘倒圆角。使用边缘圆角命令 ▥（FilletEdge），下一个半径 =1，选中边缘，然后按键盘的 Enter 键，再更改路径造型，改成"路径造型 = 路径间距"，此时再按 Enter 键，即可完成边缘倒圆角，如果倒圆角时出错，将下一个半径的数值改小即可。此处建议下一个半径数值 =1。（注意，路径造型默认是"滚球"，一定要改为"路径间距"，如果不改为"路径间距"，此步骤的倒圆角将出现严重错误。）图 4-139 展示了边缘成功倒圆角后的效果。

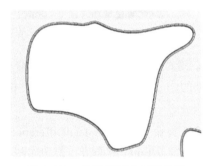

图 4-138　基本完成的门板雕花效果　　　　图 4-139　边缘倒圆角后的效果

② 多宝阁中其他门板的制作与上一步骤一样，在此不再赘述，具体参照图 4-140。

(a) 着色模式　　　　　　　　　　　　(b) 渲染模式

图 4-140　门板效果

4.3.4　底座制作

① 观察参考图，使用立方体命令 （Box），建立长 1480、宽 680、高度 40 的立方体，一共创建两个，摆放在多宝阁下方位置，如图 4-141 所示。然后对两个立方体都进行倒圆角处理，使用边缘圆角命令 （FilletEdge），输入数值"10"，且选择立方体所有的边角处，按键盘 Enter 键，即可完成。结果如图 4-142 所示。

图 4-141　建立两个立方体做多宝阁底座　　　　图 4-142　对底座边缘进行倒圆角

② 最后是腿部的部分。先观察参考图中多宝阁腿部形状，然后使用曲线命令 （Curve），在 Front 视图中，将腿部轮廓进行描绘，仅需要绘制一半即可，见图 4-143。绘制完成后，将该半曲线进行镜像 （Mirror）复制，得到另一半曲线。最后将两半曲线进行组合 （Ctrl+J，Join），即可得到完整的腿部的轮廓曲线，如图 4-144。

图 4-143　左半部分腿部轮廓曲线　　　　图 4-144　完整的腿部轮廓曲线

③ 使用挤出封闭的平面曲线命令 （ExtrudeSrf）（注意不是普通的直线挤出命令），按键盘的 Enter 键，再选中上述步骤中绘制好的曲线，再按键盘 Enter 键，输入数值"60"，按 Enter 键，即可得到初步的腿部如图 4-145。初步得到的腿部边缘锋利，此时使用边缘圆角命令 （FilletEdge），对所有边缘都进行倒圆角，数值输入为"5"，倒圆角后见图 4-146。

④ 镜像 （Mirror）复制一份，前后的腿部就都做出来了，见图 4-147。此时再在宽度方向上，加个大小与腿部相匹配的小长条，完整的底座就制作完毕了，效果如图 4-148。

图 4-145 将轮廓曲线挤出得到腿部

图 4-146 腿部边缘倒圆角

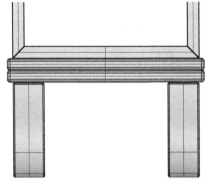

图 4-147 前后腿部

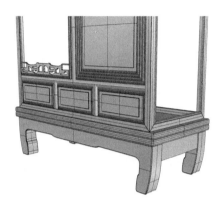

图 4-148 底座制作完毕

4.3.5 侧板、背板制作

① 观察我们建立好的模型，如图 4-149，现在还差背板和侧板的建立。选中之前已经制作好的横条，见图 4-150。使用 2D 旋转命令 ![icon]（Rotate），旋转 90°复制。

图 4-149 建立好的模型

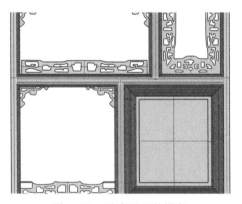

图 4-150 选中需要的横条

② 将横条移动至两条竖着木条的中间位置，调整好位置后镜像 ![icon]（Mirror）复制，保证横条在两侧的位置正确，见图 4-151。在 Right 视图中，使用矩形命令，沿着侧面框架进行绘制，见图 4-152。切换至 Top 视图，找到之前绘制的曲线，如图 4-153。

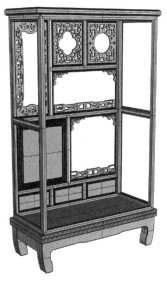

图 4-151 调整侧边框架横条

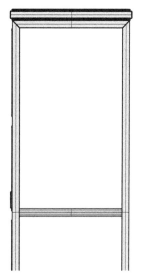

图 4-152 矩形参考侧面框架进行绘制

图 4-153 顶视图中的截面曲线

③ 切换至 Right 视图，使用移动命令（Move），选中曲线最左端的点为移动的起点，使其捕捉到矩形，并且进行单轨扫掠（Sweep1）。以矩形为路径，截面曲线为断面，如图 4-154。

④ 单轨扫掠完后，得到图 4-155 中的框架，重复上述操作，完成其他侧面的制作。当然也可以选取更加简易的操作，也就是复制已经制作好的框架到其他侧面的位置上。

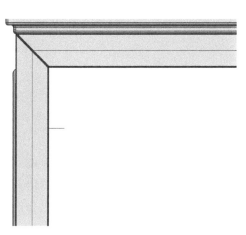

图 4-154 截面曲线放置的位置

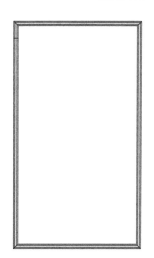

图 4-155 单轨扫掠制作得到框架

⑤ 最后一步，就是使用立方体命令（Box），做最后的侧板、背板和层板。为了简化操作，我们将每块板件的厚度定为 10。这样多宝阁的制作就完毕了，效果如图 4-156。

(a) 渲染模式   (b) 着色模式

图 4-156　多宝阁最终效果图

4.3.6　小结

重新观察制作好的模型，思考模型制作的思路。类似于多宝阁此类具有较多镂空图案的模型，大多时候，我们都会通过布尔运算，或其他切割方法来得到想要的图形，这是常用的模型加减法建模，但是因为镂空图案形状独特，往往在布尔运算掏洞后，边缘存在难以倒圆角的问题，这一节建模就介绍了边缘圆角中路径造型的两种形式以解决这个问题。

4.4
SubD 细分曲面建模

4.4.1　SubD 建模原理

SubD 细分建模是基于 Rhino 7 推出的全新建模方式。在 Rhino 5 版本中存在类似的插件 T-Splines（缩写 TS）可以以这样的建模方式去建模，但是由于后来版本更新停滞，Rhino 6 就不再适配 T-Splines 插件。

SubD 细分建模与犀牛传统的 NURBS 曲面建模方式不同，SubD 细分建模可以轻松调整造型。SubD 细分建模综合了 NURBS 建模的高质量曲面和 Mesh 面的自由灵活，从而实现用 Mesh 曲面建模的方式构建具有 NURBS 曲面精准度的高质量模型，形成一个介于 NURBS 和 Mesh 之间的特殊曲面格式。

在该书撰写之初，Rhino 7 仅更新到 7.4 版本，功能仍未完全完善。例如镜像方式，TS 有任意可调的镜像建模方式，可以实现整列镜像效果，而在 Rhino 7 中只能通过构建记录历史完成，会带来一定程度上的局限。但是相信随着版本更新，Rhino 中的 SubD 功能会更加强大。

接下来将给大家带来一个小案例去了解 SubD 建模方式，体会 NURBS 建模和 SubD 建模的区别和各自优点。在对不同家具建模时能根据特点选择合适的建模方式。

4.4.2　SubD 建模基础操作介绍

（1）细分工具

安装好 Rhino 7 后，可以找到细分工具的工具栏，这里包括了绝大多数 SubD 细分建模的工具。建模时工具可以放在方便使用的位置，便于快速选择。此外，Rhino 7 版本之后，把 SubD 和 NURBS 建模使用到的工具进行了整合，在原有工具上增加了适应细分选项，读者可以根据需求选择使用相关的工具的细分选项，如图 4-157 所示。

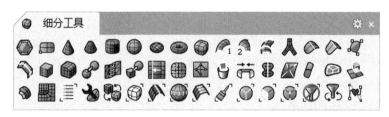

图 4-157　细分工具栏

（2）选取过滤器

在使用 SubD 细分建模时可进行点、线、面的选择过滤，从而提高造型修改的效率。实际上即使关闭所有的过滤器，也可以使用快捷键操作来同时选择点、线、面，在后续小节会教大家使用以提高效率。在选择干扰较大时，打开"选取过滤器"选择会更加准确和方便，如图 4-158 所示。

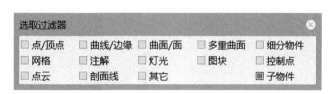

图 4-158　选取过滤器

（3）背景图功能

背景图功能可以实现在单一视图置入参考图，但是不会在透视视图中显示。这是另外一种背景图放置方法，在复杂的逆向建模中会经常使用。当我们能获取到模型的各个视图时，如果都以物件的形式放置在透视图中，会带来极大的干扰。正确使用背景图功能就能很好地避免这一点。放置背景图可以在视图左上角的菜单中找到，如图 4-159 所示。

（4）选取点、线、面

在关闭所有点、线、面过滤器的情况下，可以同时按住 Shift 键和 Ctrl 键，配合鼠标选择点、线、面，如图 4-160 所示，这样可以减少点、线、面切换的操作，便于提升建模效率，充分发挥 Rhino 建模的造型优势。

仅着色选取的物件(S)		放置(P)
锁定(L)		更新(F)
		移除(R)
平移、缩放、旋转(Z)	>	抽离(E)
设置视图(V)	>	
设置工作平面(P)	>	隐藏(H)
设置摄像机(E)	>	显示(S)
		移动(M)
使用中的工作视窗(A)	>	对齐(A)
工作视窗配置(V)	>	缩放(C)
背景图(B)	>	✓ 灰阶(G)

图 4-159　背景图工具

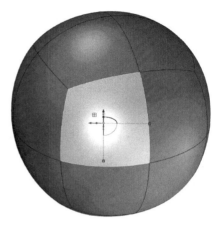

图 4-160　选取点、线、面

另外，用这种方法选线时，双击鼠标左键可以选择一圈的线，连续选取两块面可以按照面的分布选取一圈的面。当选择比较困难时，可以放大视窗后再进行选择。如果还是不能快速准确选择点、线、面，推荐依旧使用过滤器工具。

（5）平滑和平坦的切换

按 Tab 键可以将细分物件在平滑和平坦之间切换，如图 4-161 所示。这样便于观察细分物件各个面的组成和连接，辅助找到面不顺滑的原因。在平滑状态下的造型缺陷，可以在平坦状态下明显显示出来。平坦状态下的物件表面越流畅平坦，相应的平滑状态时的物件也就越顺滑。

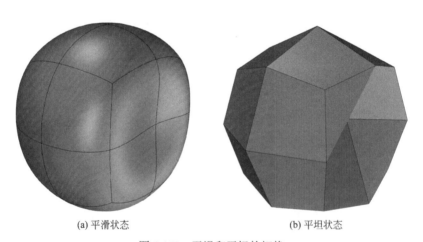

(a) 平滑状态 　　　　　　　　　　　　(b) 平坦状态

图 4-161　平滑和平坦的切换

4.4.3　SubD 建模案例尝试

（1）确定参考尺寸

① 绘制尺寸线框　使用直线：从中点命令 📐（Line）确定长、宽、高，如图 4-162 所示，便于定位参考图和确定尺寸，椅子的尺寸大致为 600×560×900。

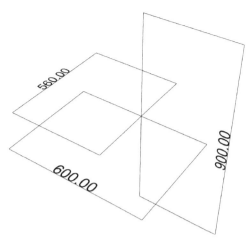

图 4-162　绘制尺寸线框

② 放置各个视图　在命令栏输入"BackgroundBitmap"（放置背景位图），参照尺寸移动背景位图、缩放背景位图和取消灰阶，如图 4-163 所示。由于部分参考图存在透视差，因此在建模时不能过分依赖参考图，要保持对形体的思考。

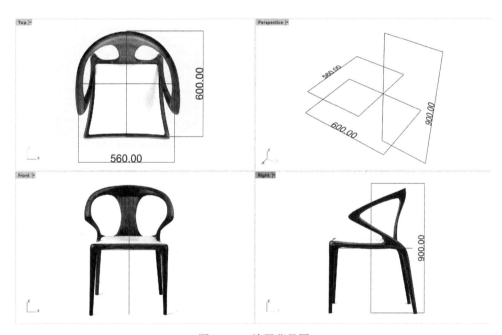

图 4-163　放置背景图

（2）观察建模对象，思考建模思路

把椅子各部分拆开来思考，基本思路是先构建出座面，再利用座面的面拉伸出椅腿、扶手、靠背等，然后通过操作轴移动线条调整各个面的平滑程度。最后可以借助对称功能减少工作量，同时保证模型是完全对称且一致的。

建模初始阶段可以不用过分纠结形态是否十分完美，因为 SubD 建模与 Rhino 不同：Rhino 后期调整时需要退回到未修改状态才能进行；而 SubD 建模后期可以非常轻松地调整造型，不需要做重复的工作。

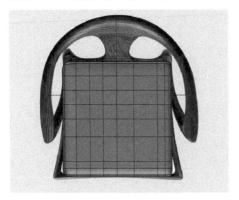

图 4-164 创建立方体对齐背景图

① 构建基本体　在顶视图中，使用创建细分立方体命令 🌐（SubdBox）选择中心环绕，x=8，y=8，z=1，在顶视图中构建座面的长和宽，在前视图中确定高度，如图 4-164 所示。在实际建模过程中，读者可能不能很快确认需要多少个面才能满足形体需求，可以先尽量使用少的面去构建，这样可以降低出现不顺滑时调整的难度。

② 调整结构线分布　预估椅子腿的大小，在座面按 Ctrl+Shift 键并双击选中结构面，移动到合适的位置，用于方便后面挤出椅腿，如图 4-165 所示。

③ 构建对称　使用细分对称命令 🔳（Reflect）将物件进行对称，如图 4-166 所示，对称可以大大减少我们的工作量。选择 y 对称轴和要保留的那部分，一般选择右侧保留，因为一般用右手操作鼠标，这样可以提高效率。

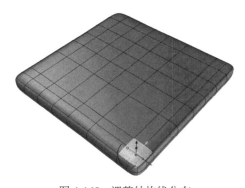

图 4-165 调整结构线分布

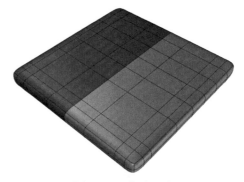

图 4-166 构建对称

④ 挤出椅腿　按 Ctrl+Shift 键选中座面底部角落的四个面后，拖动 Z 轴操作轴向下移动，再按住 Ctrl 键可以将四个面挤出，在线框模式下观察前视图红色箭头显示的弧度，调整达到基本上一致的弧度，如图 4-167（见文后彩插）所示。

(a) 选择面

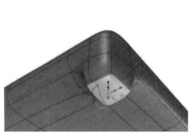

(b) 挤出面

(c) 调整对齐

图 4-167 挤出椅腿

⑤ 确定长度调整造型　重复选择底部四个面，不断重复上述操作 3 ～ 4 次，并配合操作轴进行缩放，即可将椅腿拉伸至参考图中的形状，如果出现不顺滑的曲面，可以按 Tab 键切换到平坦模式进行调整，如图 4-168 所示。

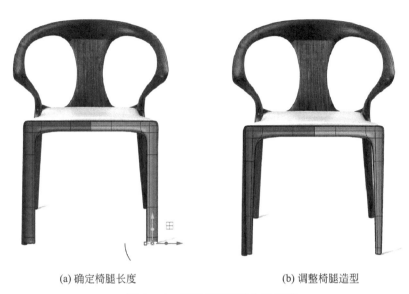

(a) 确定椅腿长度　　　　　　　　　　　　(b) 调整椅腿造型

图 4-168　椅腿的高度确定及调整

⑥ 透视图观察造型　参照位图，按 Ctrl+Shift 键或选择过滤器选取点、线、面，配合操作轴调整造型。如图 4-169 所示，在透视图中观察是否有凹凸不平的曲面，如果有，通过 Tab 键切换之后观察调整，直到和造型相符合。

⑦ 构建后腿　椅子后腿操作同制作椅子前腿的类似，选择面，挤出，重复挤出，调整造型。注意观察背景图，背景图中的后腿是向后倾斜的，要通过操作轴进行调整，如图 4-170所示。

另外，实际生活中椅子的四条腿是在一个水平面上的，挤出后腿时，要与前腿高度保持一致，否则会出现差错。

图 4-169　透视图观察造型

⑧ 挤出扶手　开始制作扶手部分，步骤同上，选中面按 Ctrl 键挤出，这里可以按 Tab 键使得细分物件在平坦和平滑之间来回切换，如图 4-171 所示，方便观察各个面之间的关系，找出造型的缺陷。

⑨ 调整扶手连接处　继续挤出扶手连接处，并通过操作轴调整该处的结构线。可以按照图 4-172 中的结构线分布作为参考，但这并不是唯一的布线方式，只要能够完整表达形体且曲面光滑就可以。

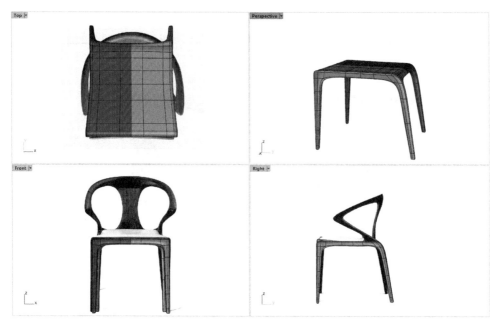

图 4-170　构建椅子后腿

(a) 平坦模式观察　　　　　　　　　　　(b) 平滑模式观察

图 4-171　观察造型是否有缺陷

　　配合参考图将扶手处转折的形体构建出来，该处涉及多个曲面的转折相接，容易出现曲面不顺滑的现象，需要反复观察调整。

　　后续扶手的调整方式与该处相同，挤出调整即可，如图 4-172 所示。

(a) 调整连接处造型　　　　　　　　　　(b) 观察连接处造型

图 4-172　调整扶手连接处

⑩ 连接搭脑　参考图片将扶手挤出至搭脑位置时，需要将左右两边的面进行衔接。由于对称的存在，可以直接将右侧的面往左侧移动越过 Y 轴使得左右两边相互连接起来，再通过操作轴调整搭脑弧度，如图 4-173 所示。

当然也可以用桥接工具▣（Bridge）进行桥接，分段数需保证中间具有两个相对的端部，方便后续腰靠的桥接。

⑪ 调整搭脑弧度　调整造型，必要的时候可以在保证形体不受过多影响的情况下删除或者增加控制线，如图 4-174 所示。由于 SubD 集成了一部分 NURBS 曲面构建的原理，和控制点一样，结构线少的曲面会更加顺滑，且更容易控制调整，但仍然要保证做到造型能准确表达。

图 4-173　连接搭脑

图 4-174　整体观察调整造型

⑫ 桥接靠背　使用桥接工具▣（Bridge），直接将图中两个面进行桥接生成靠背。分段数选择 3 以上确保满足后面的造型调整。同时改变平直度，确保连接处形体不受过多的影响，如图 4-175 所示。

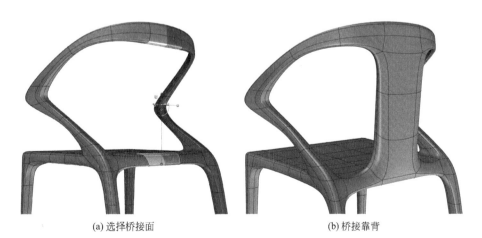
(a) 选择桥接面　　　　　　　　　　(b) 桥接靠背
图 4-175　桥接靠背

需要注意的是，桥接命令要求桥接的两个面的面数是一致的，若不一致需要调整后再进行桥接，否则会出现桥接不成功。

⑬ 调整靠背　调整靠背弯曲程度来构建靠背造型，注意观察造型，如图 4-176 所示，靠背应该是往中间收拢的。

⑭ 最终效果如图 4-177 所示，椅面上的薄垫可通过细分立方体命令 ● （SubdBox）调整控制点创建出，在此不再示出。

图 4-176　调整靠背

图 4-177　最终造型

4.4.4　小结

SubD 细分曲面建模是 Rhino 7 版本推出的全新建模方式，SubD 细分曲面建模相比于传统的 Rhino 建模方式要更加灵活多变，且易于修改，有利于家具类的建模，但是 SubD 细分建模作为一个新功能仍然在完善过程当中。

我们希望能通过这样一个小案例向读者介绍 SubD 这种全新的建模方式，但是由于篇幅有限，我们只能把基本的建模思路和基础操作介绍给大家，其他类似的家具同样可以使用这种方法进行构建，需要读者多加临摹练习才能够掌握。

ⓦ 练习巩固

1. 使用 SubD 建模方式完成图 3-1 所示潘顿椅的建模。
2. 自行在网络上寻找一款圈椅作为参考，进行建模。
3. 自己动手设计一件尺寸不大于 $800 \times 800 \times 800$ 的实木家具并进行建模，要求其榫卯结构不少于 5 种。

Rhino

第五章

转换思维搞定家具参数化设计

如今计算机技术的成熟使得我们可以将设计过程中遇到的复杂信息转变为计算机语言，借由计算机强大的处理功能代替人脑处理复杂信息，找到元素间的关联性，并转化为可以借用的思维，拓宽了设计过程中的思路。参数化设计的思维即是如此，它是计算机技术与设计的结合，描述了一种理性设计的思想。

本章将介绍参数化工具 Grasshopper 在家具设计中的应用，通过四个家具案例的演示帮助读者初步认识 Grasshopper，并展示其多数据同时处理的强大功能。

5.1
概述

5.1.1　参数化设计概念

参数化设计是伴随着计算机的出现而发展起来的设计方法，在各个设计领域皆有涉及。参数化设计是通过编程的方式，用变量或影响因素的组合来定义设计思考过程和构建设计原型的一种设计方法。参数化设计的过程就是建立参数联动的过程，将设计形式转化为逻辑运算，对设计过程的逻辑性、关联性要求较高。

参数化设计包含以下两个方面：

（1）设计手段的参数化

设计手段的参数化，即计算机技术在各设计领域的具体应用，使生产变得更便捷、高效。计算机技术的发展是参数化设计的物质基础。目前常用的参数化设计平台有：Alias Maya、Rhino、Grasshopper、ParaCloud、CATIA、Digital Project、SolidWorks，其中 Grasshopper 拥有复杂模型的精准快速表现和设计过程的动态记录等优势，与 Rhino 共同构成目前最流行、使用最广泛的 Rhino+Grasshopper 参数化设计平台。

（2）设计理念的参数化

相比于传统设计模式的设计理念，参数化设计是一种自下而上的设计方法，用数据记录下影响设计结果的相关因素，并搭建参数联动，再经过不同参数的调整组合，得到最佳的设计方案，因此参数化技术与参数化设计不能画上等号。

5.1.2　参数化设计理论基础

研究复杂性系统的非线性理论是参数化设计的理论基础，它包括拓扑学、分形学和混沌理论。拓扑学在 1847 年被 Listing 首次引述，它是一门专门研究空间与形体在某种变化之中具有的不变性质的高度抽象的几何学。分形学是研究具有自相似性的形体的数学理论，即无论分割为若干部分，局部形状都可以与整体相近。混沌理论由美国气象学家洛伦兹提出，它阐述了在复杂的系统中，极小的初始条件发生了细微的变化，将促使整个复杂系统形成不可预料的结果。

非线性现象在自然界中无处不在。万物都在不断地变化，它们充满了生长、发展和混乱，然而这一种复杂现象其实都在遵循着某种既定的规则。例如世界上没有两片长得一模一样的叶子，从叶子刚萌芽开始，它会受到自身先天条件、周围环境、时间推移等因素的影响，尽管呈现的结果不一样，但是它们最终的基本构造却是相同的。自然界中的各种图案也是如此，动物身上的花纹、斑点从来都不是固定不变的，但是又不是无迹可寻（图 5-1）。这种变化规则用我们熟悉的直线、圆形、矩形等线性理论科学无法准确描绘，它对自然界中非线性本质只能近似描述。参数化设计为我们提供了一种有效的研究手段，而非线性理论在推动参数化设计发展过程中发挥了重大作用。

图 5-1　自然界中动物身上的图案

5.1.3 参数化设计在现代家具中的应用

现代家具参数化设计可以从功能和形式着手研究，自然界和日常生活为设计师提供了无穷的设计灵感，设计师将灵感提取为形态参数，运用参数化设计手法设计出风格独特的家具。

形态参数来源有两方面：一是形式参数，从自然生活中提取；二是功能参数，从家具使用功能中提取。设计师将提取的形态参数进行逻辑编程建立数据联动的设计关系，不断改变参数并将得到的造型雏形进行二次优化得到最终的家具造型，实现家具造型多样性，迎合个体消费的独立性与个性化趋势。

（1）形式参数提取的方法

优胜劣汰的自然法则将生物结构塑造成了最合理、最优良的设计，形式参数可以来源于自然形态和人为形态。

① 自然形态　宏观世界中的自然现象，带给人们无限的遐想，如风雨雷电、土地侵蚀、动物迁徙，等等，这些现象共同组成了丰富的自然世界。我们通过观察自然，分析、构建出逻辑程序，把从自然界得到的灵感转化为参数模型并应用到家具设计中。

② 人为形态　生活中，许多现象伴随着人为活动而产生，例如肥皂泡、玻璃破碎、面包发酵、烟雾等，这些现象往往在人们的预测范围内发生，所以它们存在着一定的内在规律。我们总结这些现象的逻辑规律，通过参数化设计软件进行模拟并创新运用到家具设计中。

（2）功能参数提取的方法

在追求家具设计个性化的前提下，参数还应满足家具最基本的使用功能。根据使用环境和使用者，功能参数可以来源于人机工学和行为习惯。

① 人机工学　传统家具设计过程中，各个参数的依据来自人机工学要求的基本参数，而在参数化设计中，设计师除了运用国际标准——人机工学标准参数外，还可以通过 Kinect、Arduino 等数据提取工具为每一个消费者提取最符合自身的使用数据作为设计参数，实现参数化设计的独立性、个性化。

② 行为习惯　生活中，家具的日常使用习惯往往因人而异，传统家具制造为满足批量化和标准化的生产，最大限度满足一部分人在生活中对于家具的最基本使用功能的需求，在此过程中，人们的需求也被同质化，而通过研究人们的行为、爱好，将行为概率数据化，利用参数化设计软件在家具中为这种行为习惯进行提前设计，可让使用者在使用中感到顺畅无阻。

现代家具参数化设计拥有巨大的发展潜力，它不但丰富了家具设计方法，还打破了传统家具设计生产模式。对于设计生产流程，现代家具参数化设计与传统家具设计的差异可以分为以下几点：

a. 可以直观地观察复杂模型的生成过程；

b. 可以通过更改参数实现整体动态更新（图 5-2）；

c. 可以快速地为家具的复杂造型生成图纸；

d. 可以自动分析模型的表面性质和物理参数（图 5-3）；

e. 可以直接对接 3D 打印设备或数控加工中心。

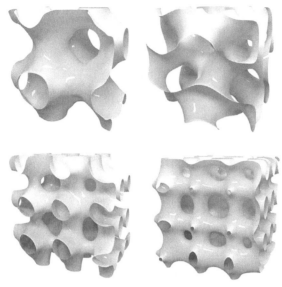

图 5-2　更改参数进行整体动态更新

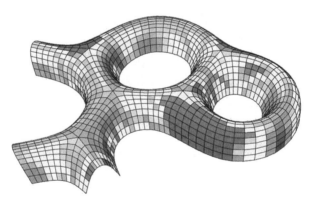

图 5-3　表面性质和物理参数分析

5.2
参数化设计建模技术

　　目前，市面上可见的参数化建模软件平台可以归纳为三类：一是人与机器直接进行信息交换的人机交互类；二是通过逻辑关联，由计算机计算生成模型的可视化编程类；三是运用脚本语言，编写代码直接进行模型生形的纯脚本编程类。

5.2.1　可视化编程类参数化建模技术

可视化编程类参数化建模技术区别于人机交互类，设计师不直接对点、线、面进行操作，而是通过逻辑搭建对参数进行关联来间接实现建模，对于复杂模型的构建，可视化编程类建模技术效率更高。区别于纯脚本编程类，可视化编程类不需要设计师具有良好的计算机语言基础，它弱化了代码的编写，增强了视觉框架的搭建，设计师只需根据需要修改代码逻辑即可，更易上手。

目前常用的参数化设计平台有：Alias Maya、Rhino、Grasshopper、ParaCloud、CATIA、Digital Project、SolidWorks，其中 Rhino 强大的几何造型能力搭配 Grasshopper 独特的逻辑运算能力，共同组成目前最流行、使用最广泛的 Rhino+Grasshopper 可视化编程类参数化设计平台（图5-4）。

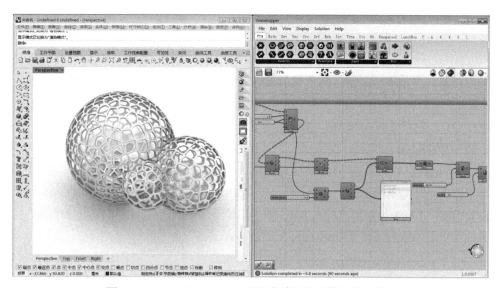

图 5-4　Rhino+Grasshopper 可视化编程类参数化设计平台

5.2.2　Grasshopper 介绍

Grasshopper（图5-5）是由 McNeel 公司开发的基于 Rhino 的可视化编程插件，它具备编程环境特征和几何功能特征，是一款运用算法来描绘图形的算法编辑器。

图 5-5　Grasshopper 界面

（1）运算器

运算器也叫作电池。Grasshopper 拥有数百个强大的运算器，设计师只需像搭积木一样，根据设计需求将运算器拼接起来，即可实现设计逻辑的表达（图 5-6）。

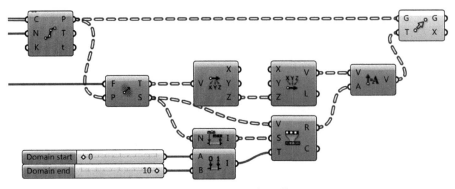

图 5-6　Grasshopper 的运算器

Grasshopper 的运算器分为几何运算器和逻辑运算器两大部分。几何运算器用来绘制几何图形，分布在 Vector（向量）、Curve（曲线）、Surface（曲面）、Mesh（网格）、Intersect（相交）和 Transform（变换）中；逻辑运算器则以几何运算器的运算结果为条件进行运算，它们分布在 Meths（数学）和 Sets（集合）中。

（2）数据结构

Grasshopper 的数据之间以树状结构关联，树状的数据结构分为单一树状数据和多主干树状数据，并且末端数据一定是线性的。Grasshopper 对数据的计算方式分为三种，即 Shortest List、Longest List、Cross Reference 三种不同模式（图 5-7），它们遵循着各自的数据处理规则，数据处理是 Grasshopper 的核心。

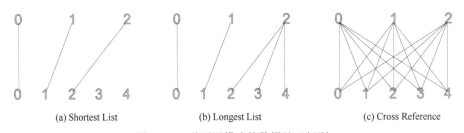

(a) Shortest List　　　(b) Longest List　　　(c) Cross Reference

图 5-7　三种不同模式的数据处理规则

5.2.3　Grasshopper 优势

（1）精准、快速地表现复杂模型

在传统手工建模中，对设计师来说，创建形体复杂的模型是个工作量不小的过程，而在 Grasshopper 中编写的程序能够在短时间内以超越人脑的计算速度同时处理多组数据，所以相比手工建模，Grasshopper 可以精准地、快速地将复杂模型表现出来，实现参数化建模（图 5-8）。

图 5-8　使用 Grasshopper 创建的复杂模型

（2）动态记录的设计过程

在传统设计过程中，设计师对方案的研发过程必经过多次建模和筛选，耗费了大量时间和精力，而在 Grasshopper 中联动的数据能够让输出的模型朝着形态变化趋势发生动态的线性变化，设计师可通过观察模型筛选出最佳的设计方案（图 5-9）。一个参数化设计模型的成功构建，代表了一个产品系列的产生。这个动态记录的设计过程让设计师从重复的工作中解放出来，关注到更深层次的设计思考中。

图 5-9　通过调节参数生成形态各异的花瓶

5.2.4　Grasshopper 应用演示

本案例将通过一个简单的凳子建模过程，为读者演示 Grasshopper 参数联动的建立过程，帮助读者初步了解参数化的含义。演示案例如图 5-10 所示。

图 5-10　扭转凳子设计原型

（1）构建多边形

创建一组沿 Z 轴方向排列的点，使用 ⊞（Range）将 ┇（Construct Domain）以 0 to 450 的数据区间等分，为方便观察，预设等分数量为 2。将 ⊞（Range）运算得到的数据赋值给 ⊻（Vector XYZ）的 Z 轴方向，X 轴、Y 轴方向数据默认为 0。

创建 ▦（Graph Mapper）控制 ⊞（Range）默认 0 to 1 区间的数据变化趋势，使用 ▦（Remap Numbers）将原始数据区间 0 to 1 沿着 ▦（Graph Mapper）数据变化趋势进行等比缩放，映射到目标数据区间 50 to 140，▦（Bounds）则记录去除数据结构后的原始数据区间。

将 ⊻（Vector XYZ）作为中心点，▦（Remap Numbers）映射得到的数据作为半径，赋值给 ◉（Polygon），即可生成半径具有函数关系的边数为 8 的多边形，结果如图 5-11 所示，电池组如图 5-12 所示。

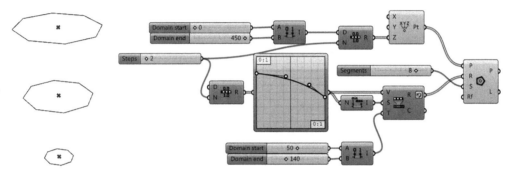

图 5-11　构建多边形　　　　　　　　图 5-12　构建多边形电池组

（2）生成随机圆

使用 ✐（Discontinuity）分别提取无重叠的八边形顶点，使用 ▦（Random Reduce）随机缩减对多主干数据结构进行筛选，缩减数量为 3，随机种子为 6，得到 3 组每组为 5 的顶点数据结构。以筛选后的顶点为圆心，半径为 150 生成圆，结果如图 5-13 所示，电池组如图 5-14 所示。

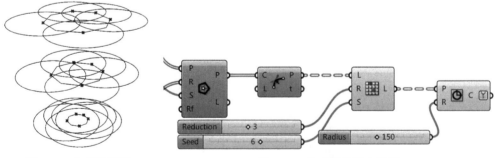

图 5-13　生成随机圆　　　　　　　　图 5-14　生成随机圆电池组

（3）曲线布尔并集

使用 ◉（Region Union）求每组圆的曲线布尔并集，使用 ✐（Divide Curve）将每根曲线等分为 30 段，得到等分点，结果如图 5-15 所示，电池组如图 5-16 所示。

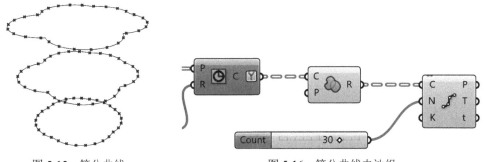

图 5-15　等分曲线　　　　　　　图 5-16　等分曲线电池组

（4）重构曲线

调节输入 ▦（Range）的数字滑块，将 ▧（Vector XYZ）的 Z 轴方向的数据等分数量调为 30，得到 31 个点，🞿（Region Union）也会相应的变为 31 组曲线，这时可以明显看到曲线符合 ▦（Graph Mapper）的函数变化趋势。使用 ◻（Nurbs Curve）将 ◢（Divide Curve）得到的等分点连成控制点曲线，重构曲线让凳子造型更加灵动，结果如图 5-17 所示，电池组如图 5-18 所示。

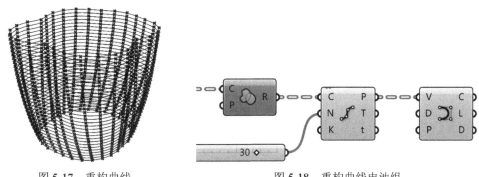

图 5-17　重构曲线　　　　　　　图 5-18　重构曲线电池组

（5）旋转曲线

去除 ◻（Nurbs Curve）的数据结构，使用 ▦（Flatten Tree）将 31 根曲线的数据结构拍平到"{0}"的路径下。

使用 ▦（Rotate）将去除数据结构后的曲线沿着默认原点（0，0，0）在 XY 平面进行旋转，旋转角度分别为等分"0 to 0.4*Pi 区间"后的数据，区间等分后和拍平后的数据结构相同，即可一一对应，实现角度的均匀增加，实现扭转效果，结果如图 5-19 所示，电池组如图 5-20 所示。

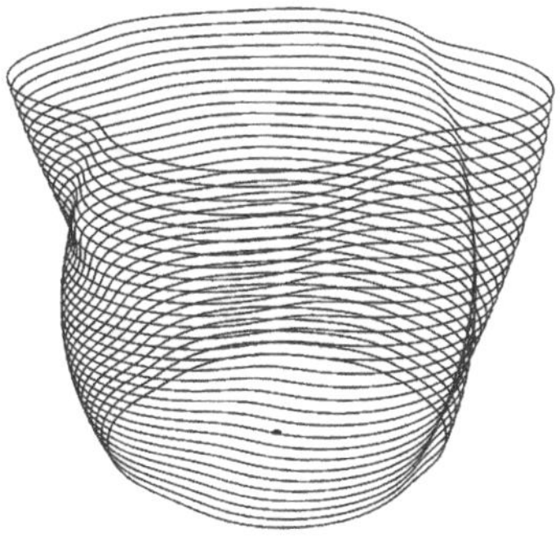

（6）生成模型

最后通过对曲线挤出 ▦（Extrude）和加壳 ▦（Weaverbird's Mesh Thicken），完成扭转凳子模型，结果如图 5-21 所示，电池组如图 5-22 所示。

图 5-19　旋转曲线

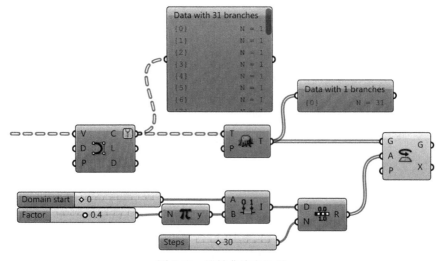

图 5-20　旋转曲线电池组

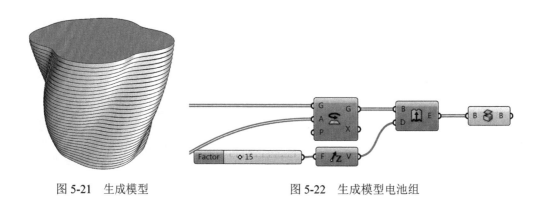

图 5-21　生成模型　　　　　　　　图 5-22　生成模型电池组

扭转凳子的电池组搭建完成后，调整参数组合，可以快速得到不同造型的模型。

5.3
曲线干扰在家具参数化设计中的应用

5.3.1　曲线干扰特点与建模思路

干扰可以通过点、曲线、图片这些干扰元素对目标元素的构成参数进行有序的数据变化而呈现出渐变的视觉效果，干扰在建筑和产品表面中最为常见。本节以屏风为例介绍曲线干扰在家具中的应用，演示案例如图 5-23 所示。

曲线干扰即测量出目标元素与干扰曲线之间的距离，将得到的距离数值区间进行映射，转化为目标元素的数据变化量。数据变化趋势可以通过 ▦（Graph Mapper）来控制。

图 5-23　屏风的设计原型

5.3.2　屏风建模

（1）基本元素搭建

① 寻找中心点　使用 ⚙（Hexagonal）生成一组六边形，通过 ▣（Polygon Center）找到各个六边形的中心点，以生成的中心点作为基本元素的中心，结果如图 5-24 所示，电池组如图 5-25 所示。

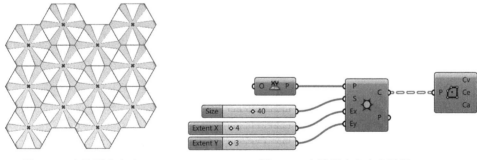

图 5-24　六边形中心点　　　　图 5-25　六边形中心点电池组

② 寻找开孔范围　使用 ✂（Explode）将六边形各边断开，通过 ✦（Evaluate Curve）确定断开各边在 t 值位置处的点。因为开孔造型为菱形，所以可以用减法运算定位对称的两个点，结果如图 5-26 所示，电池组如图 5-27 所示。

使用 █ 0.5... █（Point On Curve）找到六边形各边中点，通过 ✦（Vector 2Pt）确定六边形中心点指向六边形各边中点的向量，并使用 ✦（Move）将六边形中心点沿着向量移动一定距离，结果如图 5-28 所示，电池组如图 5-29 所示。

③ 生成曲线　为了后期得到四边面，还需要使用 ✦（Discontinuity）提取无重叠的六边形顶点。

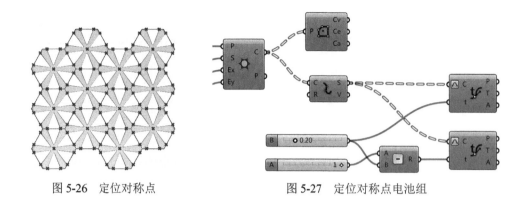

图 5-26　定位对称点　　　　　　　　　图 5-27　定位对称点电池组

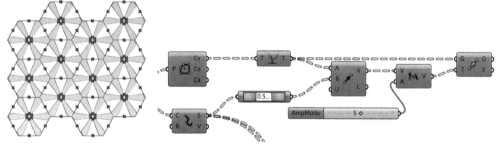

图 5-28　偏移中心点　　　　　　　　　图 5-29　偏移中心点电池组

至此将 、、 得到的点经过 进行组合连线，结果如图 5-30 所示，电池组如图 5-31 所示。

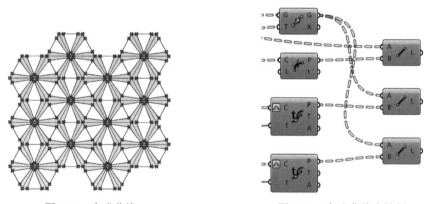

图 5-30　生成曲线　　　　　　　　　图 5-31　生成曲线电池组

④ 生成网格　使用 将 得到的线段两两放样得到曲面。

使用 将 得到的曲面转化为网格，并使用 将网格焊接，结果如图 5-32 所示，电池组如图 5-33 所示。

⑤ 网格平滑　使用 Weaverbird 中的 和 可将经过 焊接后的网格进行平滑和加壳。通过调节 UV 方向网格数量得到不同效果的模型，结果如图 5-34 所示，电池组如图 5-35 所示。

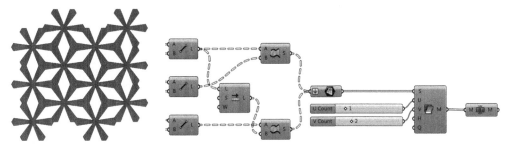

图 5-32　生成网格　　　　　　　　　　　图 5-33　生成网格电池组

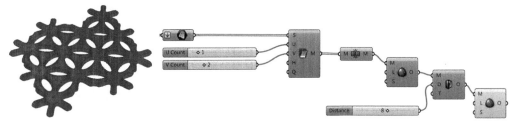

图 5-34　网格平滑　　　　　　　　　　　图 5-35　网格平滑电池组

（2）曲线干扰

① 测量干扰距离　增加 的 *XY* 轴方向六边形数量，方便曲线干扰观察。

在 Rhino 工作界面绘制一条曲线，赋值到 ![icon](Curve），使用 ![icon](Pull Point）求六边形各边中点到曲线的投影点和距离，结果如图 5-36 所示，电池组如图 5-37 所示。

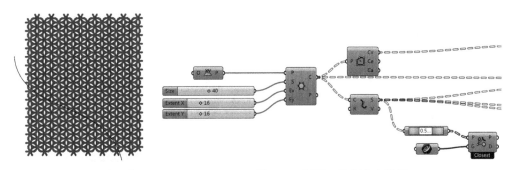

图 5-36　测量干扰距离　　　　　　　　　图 5-37　测量干扰距离电池组

② 数据区间映射　使用 ![icon](Flatten Tree）去除通过 ![icon](Pull Point）求得的各组六边形各边中点到曲线投影点距离的数据结构，以保证映射运算时数据结构统一。

使用 ![icon](Bounds）获得去除数据结构后的原始数据区间。使用 ![icon](Construct Domain）预设目标数据区间，以 "0.15 to 0.40" 为例。使用 ![icon](Remap Numbers）将原始数据区间进行等比缩放，映射到目标数据区间。使用 ![icon](Unflatten Tree）将映射后的数据参考原始数据进行数据结构还原，结果如图 5-38 所示。

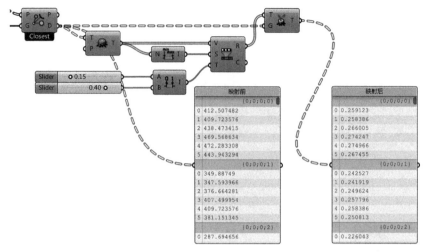

图 5-38　数据区间映射前后对比

③ 曲线干扰　将映射后的数据替换 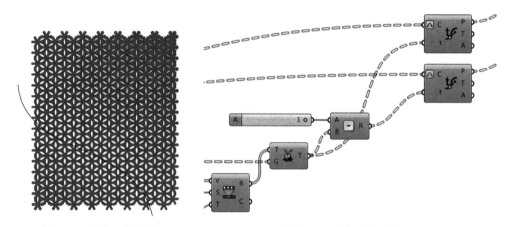（Evaluate Curve）上的 t 值数据，即可得到经过曲线干扰后出现渐变开孔效果的模型，结果如图 5-39 所示，电池组如图 5-40 所示。

图 5-39　曲线干扰效果　　　　　　　　图 5-40　数据替换电池组

调整干扰曲线的形状和映射到的目标区间的参数，得到不同的干扰效果（图 5-41）。

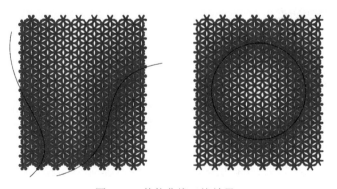

图 5-41　其他曲线干扰效果

（3）屏风模型

烘焙出（Weaverbird's Catmull-Clark Subdivision）得到的网格，加上屏风外框和底座，得到由曲线干扰的渐变屏风（图5-42）。

图 5-42　屏风模型

5.4
波浪纹理在家具参数化设计中的应用

5.4.1　波浪纹理特点与建模思路

本节介绍波浪纹理的运用。通过算法抽象出波浪的起伏形态，以及所有条纹之间互相干涉形成自然连贯的动态效果，视觉上富有雕塑感。实际中常应用于建筑外表皮和幕墙设计，本案例将波浪纹理引入家具设计中创作出一张凳子（图5-43）。

图 5-43　凳子的设计原型

波浪纹理使用了 Grasshopper 中 Vector 的 Field 组电池。本例使用 （Point Charge）产生的基于点的力场，将规则的条纹细分点置于力场中，每个点依据所受的力场的矢量方向和大小进行相应的移动，再按照原先条纹构建逻辑重构曲线，形成具有互相干涉效果的波浪纹理。

5.4.2 凳子建模

（1）凳子原型搭建

① 高度等分　使用 （Range）将高度区间等分，生成等差数列，赋值给 （Construct Point）的 Z 坐标，生成一组垂直于 XY 平面、间隔相同的点，以点为圆心，分别生成平行于 XY 平面的圆，结果如图 5-44 所示，电池组如图 5-45 所示。

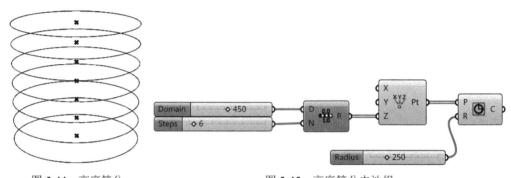

图 5-44　高度等分　　　　　　　　　　　图 5-45　高度等分电池组

② 控制凳子造型　使用 （Graph Mapper）改变数据趋势，将区间 0 to 1 等分后得到的数据以定义域的形式通过运算，得到符合 Bezier 曲线变化的值域。

将 （Graph Mapper）得到的数据经过映射和减法运算，重新赋值给圆的半径，转换成一组半径数值为曲线变化的圆。

使用 （Loft）放样得到曲面，结果如图 5-46 所示，电池组如图 5-47 所示。

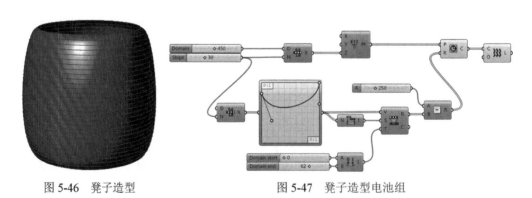

图 5-46　凳子造型　　　　　　　　　　　图 5-47　凳子造型电池组

③ 条纹纹理　将圆沿着 Z 轴方向各移动一定距离，得到两组多重数据，放样得到环形曲面，结果如图 5-48 所示，电池组如图 5-49 所示。

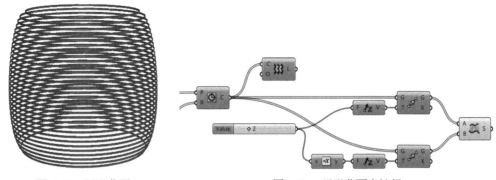

图 5-48 环形曲面   图 5-49 环形曲面电池组

使用 ➔（Shift List）将两组圆进行数据偏移，使得与环形曲面间隙相邻的圆两两成组，便于生成波浪纹理的截面。

使用 ∫（End Points）提取每组圆的起点，得到两个点为一组的数据结构，通过点坐标的运算，得到中心点，结果如图 5-50 所示，电池组如图 5-51 所示。

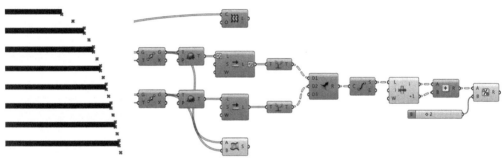

图 5-50 间隙中心点   图 5-51 间隙中心点电池组

生成纹理的半圆断面线，在确定断面线方向时，可以使用 🖲（Brep Closest Point）求各中点到 𝟯𝟯（Loft）放样得到的 Brep 的最近点及向量。在以向量方向和各成组起点构成的平面上绘制半圆断面线。

使用 🖍（Sweep2）进行双轨扫掠，以环形曲面间隙相邻的成组圆为轨迹，半圆为断面线，使用方法与 Rhino 一致，结果如图 5-52 所示，电池组如图 5-53 所示。

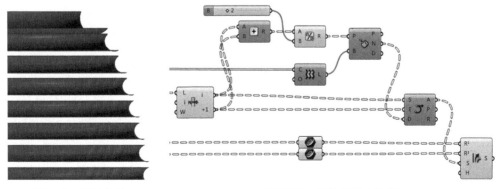

图 5-52 双轨扫掠   图 5-53 双轨扫掠电池组

将以上得到的曲面使用 ![](Brep Join）进行组合，并使用 ![](Cap Holes）加盖得到多重曲面。直纹纹理模型的电池组搭建完成，接下来对其构成的点进行干扰，即可将直纹纹理转换成波浪纹理，结果如图 5-54 所示，电池组如图 5-55 所示。

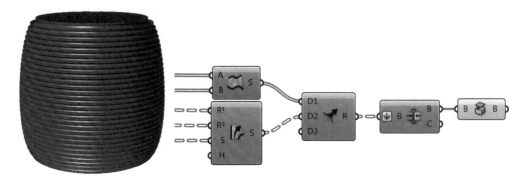

图 5-54　直纹纹理　　　　　　　　　图 5-55　直纹纹理电池组

（2）波浪纹理

对规则纹理进行干扰，只需改变最初构成纹理的圆上的点的坐标值，使它们发生位移，再重新连线和进行运算即可。

① 生成力场　使用 ![](Divide Curve）将圆进行等分，生成等分点，在 ![](Loft）生成的曲面上使用 ![](Populate Geometry）生成随机点。

以随机点为基点，使用 ![](Point Charge）生成基于随机点的力场，让等分点受到力场的力。使用 ![](Evaluate Field），测量等分点所在位置场的参量，输出的值是这个点所在位置的力场矢量方向和大小，使用 ![](Vector Display）可以进行矢量预览，结果如图 5-56 所示，电池组如图 5-57 所示。

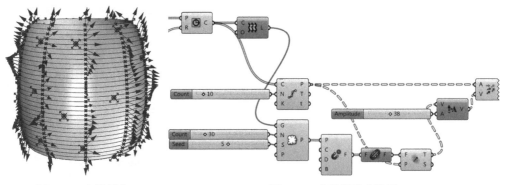

图 5-56　力场预览　　　　　　　　　图 5-57　力场预览电池组

② 重构曲线　使用 ![](Deconstruct Vector）将等分点位置各矢量方向进行 X、Y、Z 轴方向投影，提取 Z 轴方向，使用 ![](Vector XYZ），便可得到具有方向的、垂直于 XY 平面的新矢量（0，0，Z）。

使用 ![](Remap Numbers）将等分点位置各矢量大小等比缩放，映射到目标区间，便于控制波浪幅度。

使用 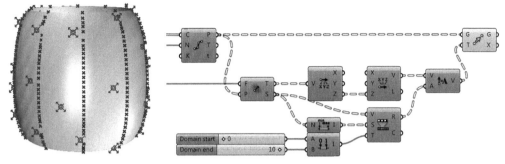（Move）将各等分点根据 ⚡A（Amplitude）合成的矢量进行移动，结果如图 5-58 所示，电池组如图 5-59 所示。

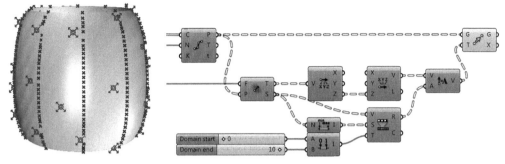

图 5-58　移动等分点　　　　　　　　　　图 5-59　移动等分点电池组

③ 波浪纹理　使用 🔘（Brep Closest Point）求出 🔢（Loft）放样出的 Brep 上距离上述 ✒️（Move）得到的各点的最近点，确保最终造型不会有太大的变形。

使用 🔄（Interpolate）绘制内插点曲线，得到一组波浪线。

将生成的波浪线替代 ✒️（Move）上的 Geometry 值。即可得到拥有波浪纹理效果的模型，结果如图 5-60 所示，电池组如图 5-61 所示。

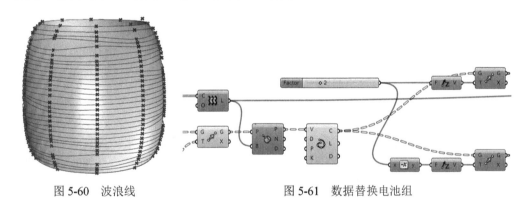

图 5-60　波浪线　　　　　　　　　　　图 5-61　数据替换电池组

数据替换后，直纹纹理也随即变成波浪纹理，结果如图 5-62 所示，电池组如图 5-63 所示。

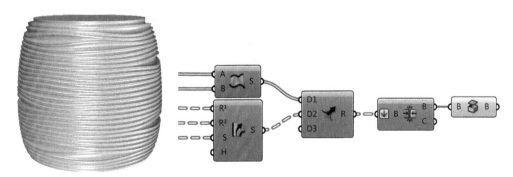

图 5-62　波浪纹理效果　　　　　　　　图 5-63　波浪纹理效果电池组

调整电池组参数组合，可以得到不同的造型和波浪纹理效果（图 5-64）。

（3）凳子模型

烘焙出 （Cap Holes）得到的多重曲面，搭配上座垫，得到波浪纹理凳子模型（图 5-65）。

图 5-64　其他波浪纹理效果

图 5-65　凳子模型

5.5
生长曲线在家具参数化设计中的应用

5.5.1　生长曲线特点与建模思路

后现代主义哲学家德勒兹提出一切事物的本质是生成。生成概念的提出，让设计师主导的设计过程转变为动态的设计过程。本节介绍生长曲线的运用，即追寻这个理念，在给定一定参数和约束条件下，让计算机自己生成结果。本例借鉴 Zaha Hadid 建筑事务所设计雕塑 Thallus 的建模思路，创作了边几台面的装饰纹理（图 5-66）。

图 5-66　边几的设计原型

生长曲线使用到 Grasshopper 的动力学插件 Kangaroo。运用 Kangaroo 进行动力学模拟，可以直观地观察到生成的过程。影响生长曲线的因素有曲线原型、细分精度、约束范围和约束力组合。曲线原型决定生长曲线的生长趋势，细分精度影响造型细节，约束范围决定外观尺寸，约束力组合影响生长过程。

生长曲线的核心逻辑是约束力组合，使用到 Kangaroo 中 🏃（OnMesh）、✎[Length（Line）]、🔍（Collider）、📐（Angle）这四个力，它们的大小关系为 📐（Angle）> 🏃（OnMesh）.> 🔍（Collider）> ✎[Length（Line）]，这样的组合可以保证曲线沿着目标物体表面生长，且曲线的细分点间距相等，曲线无交叉，平滑过渡。

5.5.2 边几建模

（1）边几造型建模

边几造型使用 Rhino 旋转成形命令 💡（Revolve）建模，旋转曲线如图 5-67 所示，旋转结果如图 5-68 所示。

图 5-67　旋转曲线　　　　　　　　　　图 5-68　旋转成形

（2）生长曲线

① 动力学模拟　动力学模拟运用 Grasshopper 的动力学插件 Kangaroo 进行。🦘（BouncySolver）的 GoalObjects 输入参与模拟运算的各项参数，Reset 为重置运算，由 Button（Button）控制，On 为启动运算，由 Toggle False（Boolean Toggle）控制（图 5-69）。

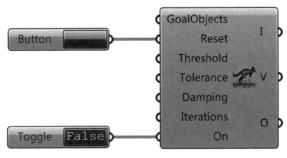

图 5-69　BouncySolver

② 模拟对象　本案例以圆作为模拟对象。绘制一个圆，用 📏 （Divide Curve）将圆等分，📏 （Line）将相邻等分点两两连线。调节等分数量，增加点数，可以让模拟效果更细腻，结果如图 5-70 所示，电池组如图 5-71 所示。

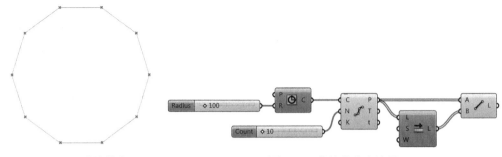

图 5-70　曲线等分　　　　　　　　　　　图 5-71　曲线等分电池组

③ 约束力

a. 📍 （OnMesh）　建一个半径大于模拟对象的圆，转化为网格。通过 📍 （OnMesh）给经过 📏 （Divide Curve）得到的等分点施加一个指向网格平面，大小 1000 的力，将点压在平面上。 🐎 （BouncySolver）输出为模拟运算后的点，使用 🌀 （Nurbs Curve）将点连成控制点曲线，显示生长曲线，结果如图 5-72 所示，电池组如图 5-73 所示。

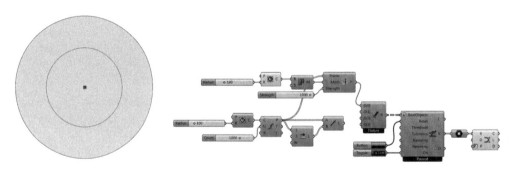

图 5-72　受力效果（OnMesh）　　　　　图 5-73　约束力电池组（OnMesh）

b. 📏 ［Length（Line）］　通过 📏 ［Length（Line）］给 📏 （Line）得到的线段施加一个大小为 10 的拉伸力，拉伸长度为 13mm，使得各线段长度在运算时有着向 13mm 逼近的趋势，结果如图 5-74 所示，电池组如图 5-75 所示。

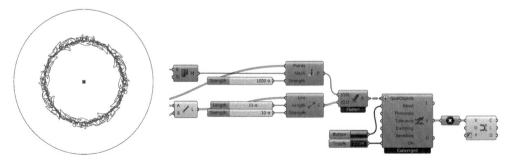

图 5-74　受力效果［Length（Line）］　　图 5-75　约束力电池组［Length（Line）］

c. 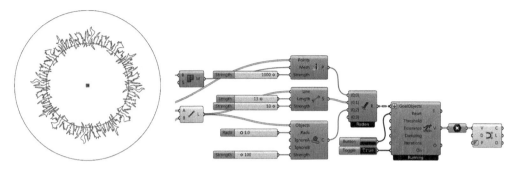（Collider）通过 （Collider）给 （Line）得到的线段施加一个大小为 100 的碰撞力，作用半径为 1mm，使得非相邻线段间距保持在 2mm 以上，避免交叉，结果如图 5-76 所示，电池组如图 5-77 所示。

图 5-76　受力效果（Collider）　　　　　图 5-77　约束力电池组（Collider）

d. （Angle）通过 （Angle）给 （Line）得到的线段施加一个大小为 1500 的回弹力，角度为 0°，使得相邻线段夹角在运算时有着向 0° 逼近的趋势，结果如图 5-78 所示，电池组如图 5-79 所示。

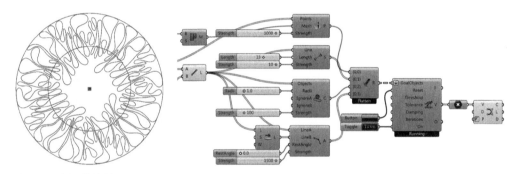

图 5-78　生长曲线效果（Angle）　　　　　图 5-79　约束力电池组（Angle）

打开开关 Toggle True（Boolean Toggle），启动模拟运算，即可看到曲线生长的过程。通过参数的组合，不断调试，运算出自己满意的效果时，停止运算，即可得到一条拥有非线性变化的生长曲线（图 5-80）。

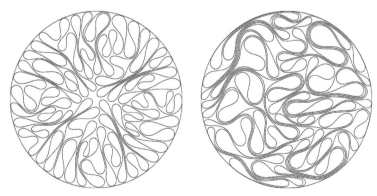

图 5-80　其他生长曲线效果

（3）边几模型

烘焙出控制点曲线，将曲线与边几模型进行切割，即可得到一个拥有生长纹理台面的边几（图5-81）。

图5-81　边几模型

5.6
本章小结

　　限于篇幅，家具参数化应用案例不再演示。通过四个案例的学习，读者应该大概了解了参数化设计工具 Grasshopper 的使用方法和原理。参数化建模的过程是一个解构的过程，把问题拆解，找到影响结果最本源的各个因素，通过逻辑程序将各参数关联起来，从而构建同一产品系列的基本生成逻辑。

　　参数化设计方法运用于家具设计中，是未来实现低成本个性化定制的方法之一。通过参数化编程进行家具设计，节省了设计师重新构思方案的时间，设计师只需调整可变参数即可快速地回应消费者对于家具定制的需求，不仅节约了时间成本，还可以根据消费者需求进行家具生产，从而减少了库存和材料浪费，保护环境。

　　未来参数化家具的购买方式可能也随之发生巨大变化，消费者在网上购买的不再是家具实物，而是一个数据程序。消费者根据自身需求，调整完参数后，家具设计文件对接家里的 3D 打印机，参数化家具的生产过程直接在家里进行，既节约了社会劳动力，又增加了消费者的参与感和乐趣。

💡 练习巩固

　　1. 利用本章所学知识，将 Grasshopper 中几何运算器和逻辑运算器组合成电池组，完成如图5-82所示变形家具的建模。

　　2. 利用本章所学知识，使用 NURBS 曲线和 Grasshopper 中的运算器，完成如图5-83所示流体家具的建模。

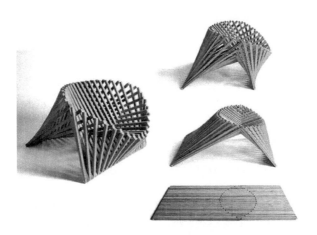

图 5-82　变形家具示意图

图 5-83　流体家具示意图

Rhino

Rhino

第六章

相关软件或插件的运用

6.1
渲染软件 KeyShot

6.1.1 KeyShot 操作界面布局

KeyShot 操作界面主要由常用功能栏、库窗口、工作区、项目窗口、动画窗口、工具栏、标题栏、菜单栏及欢迎窗口等组成，如图 6-1 所示。

① 常用功能栏　从左往右常用功能有工作区、CPU 使用量、性能模式、翻滚、平移等。单击"工作区"即可对工作区的类型进行选择，一般多选用"Default"即库窗口与项目窗口在工作区两侧。CPU 使用量多选用 100%，如果在进行渲染的同时，电脑后台进行建模或者其他工作，KeyShot 过高的 CPU 占用量将会影响其余程序的进程。开启性能模式将关闭某些场景照明设置（比如地面阴影、全局照明等），多用于调节角度观察，最终出图时应关闭此模式。单击"翻转"，在工作区的空白区域长按鼠标左键即可进行模型的旋转观察，单击"平移"，重复上述操作可进行模型远近观察。

NURBS 是一种非常优秀的建模方式，在高级三维软件当中都支持这种建模方式。NURBS 能够比传统的网格建模方式更好地控制物体表面的曲线度，从而创建出更逼真、生动的造型。在 3D 建模的内部空间用曲线和曲面来表现轮廓和外形。它们是用数学表达式构建的，NURBS 数学表达式是一种复合体。而传统的网格建模方式下面多为 3 边形或 4 边形，显示精度不高。

图 6-1　操作界面

② 库窗口　KeyShot 库窗口被水平分割成两个视图面板，上方的面板展示文件夹结构，下方的面板以缩略图的形式展示当前突出显示的文件夹里的内容，可以单击并从下方的面板拖动任何一项到实时窗口中，以实现从库里调用内容。库窗口包括系统自带的材质、颜色、纹理、环境、背景、模型和收藏夹七个板块。如可在下方材质球中可进行材质预览，选择合适的材质或环境，并在右侧项目窗口进行进一步编辑调节。读者可自行单击不同的材质、颜色球练习操作，后文案例中也将详细讲解。

③ 项目窗口　KeyShot 项目窗口分为场景、材质、相机、环境、照明和图像六个选项卡。在场景选项卡中包括文件中所有的模型、灯光、摄像机等。在材质选项卡中，可以看到所有使用的材质，双击材质球，单击"材质图"可进入节点材质窗口，即可以对它们进行调节。材质包含"漫反射""高光""凹凸""不透明度""+"5 个选项。并且我们发现每个选项前面都有一个白色圆点，这个圆点就是用来链接后面节点所用。在相机选项卡中可以编辑场景中的相机，从下拉菜单中选择一个相机，场景会切换为该相机的视角。单击右边的 +、－ 图标可以增加或删除相机。环境选项卡里可以编辑 HDRI 图像，支持的格式有".hdr"和".hdz"（KeyShot 的专属格式），同时在此选项卡中，调节阴影设置可使渲染环境更具真实感。而在照明选项卡中 KeyShot 提供了照明预设和全局照明设置，照明设置一般默认为产品模式，但当渲染玻璃、酒瓶等特定材质时，需要对"射线反弹"进行调节，数值越大，透光越多，亮度越大。最后的图像选项卡包含了对图像亮度、伽玛值、饱和度、Bloom 强度等数据的调节，可以让你在作品渲染的时候调整渲染效果。

④ 动画窗口　单击最下方工具栏中的"动画"即可调出动画窗口。KeyShot 动画系统主要用来制作实现移动部件的简单动画。如可实现模型或部件的单个转换或多个转换，在时间轴里交互式地移动和缩放；又如调整时间设置，改变动画的持续时间，可制作出平移、旋转、淡出三种类型的动画。

⑤ 工具栏　KeyShot 工具栏包含了渲染模型的最主要工具项目，包括云库、导入、库、项目、动画、KeyShotXR、KeyVR、渲染、截屏九个板块，单击即可打开相关面板进行操作。其中单击左下角"云库"，在弹窗中即可看到各种官方素材，单击下载即可在左侧材质库中进行调用。单击右下角"截屏"即可对实时渲染窗口的当前状态进行截屏，相机将自动保存到相机列表，截屏结果将保存到渲染文件夹里。

6.1.2　KeyShot 快速渲染

① 双击打开 KeyShot 软件，将潘顿椅的模型直接拖拽进软件，在弹出的导入窗口中选择"Z 轴向上"，如图 6-2 单击"导入"。或在 KeyShot 界面中单击"文件→导入"，即可完成模型导入。

② 按住鼠标左键并移动鼠标可对模型进行旋转，按住鼠标中键并拖动可进行拖拽。

③ 单击左侧"材质"面板，如图 6-3 所示，找到一个塑料（Plastic）材质，单击材质球拖拽到模型上，松开鼠标。一个如图 6-4（见文后彩插）的塑料椅子便完成了。（出图方法将在 6.1.3 中进行讲解。）

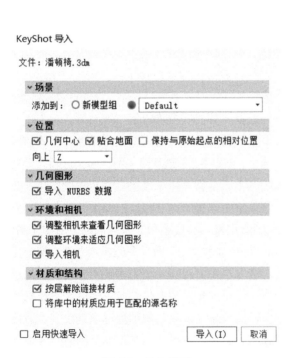

图 6-2　导入界面

图 6-3　材质库

图 6-4　赋材质后效果

6.1.3　塑料的材质特点与渲染方法

① 在 Rhino 中对模型中的图层进行分类后，将模型导入 KeyShot 中。

② 单击"编辑→添加几何图形→添加地平面"（快捷键 Ctrl+G），为模型添加较为真实的地平面效果，使阴影等更为真实，如图 6-5 所示。在"材质→油漆（Paint）"中，拖拽一个没有纹理的材质赋予模型表面和地平面，如图 6-6（见文后彩插）所示。

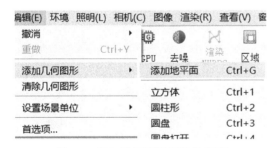

图 6-5　添加地平面效果操作界面

图 6-6　添加地平面后效果

③ 鼠标右击"地平面"，单击"编辑材质"，在弹出的窗口中进行调整，类型选择"高级"，漫反射颜色和高光颜色均选择白色（如图 6-7）。右击地面，复制材质并粘贴到椅子上。如图 6-8。

④ 编辑背景。在环境中的 HDRI 编辑器中单击"背景"，选择"颜色"选项，并调为纯黑色，如图 6-9。单击"添加针"为环境增加一个点光源。

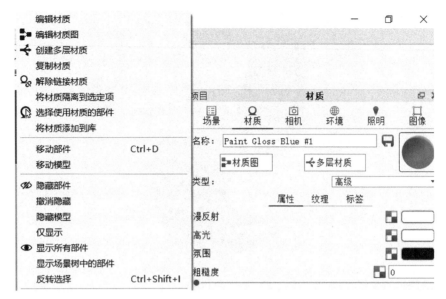

图 6-7　编辑材质操作界面

图 6-8　调整材质后效果

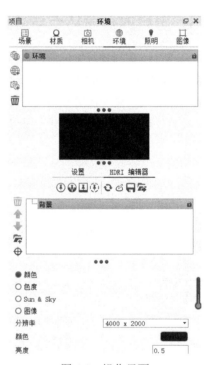

图 6-9　操作界面

⑤ 调整点光源位置，单击"确定"，如图 6-10（见文后彩插）。

⑥ 单击椅面，单击鼠标右键选择"编辑材质"，打开"材质图"窗口。右键单击"纹理→网格"等可添加新的参数块，并将有关参数块连上，即可看到如图 6-11 所示效果。在映射类型中选择 UV 即可看到表面纹理按模型的 UV 线进行了分布。可在形状与图案中，对纹理进行适当的缩放。

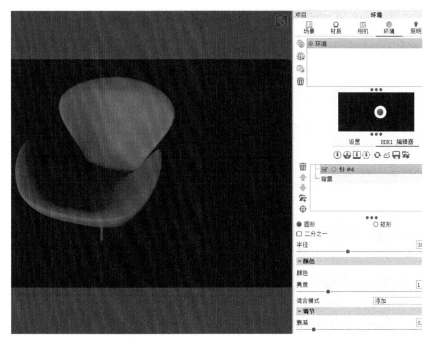

图 6-10　进行"添加针"的界面效果

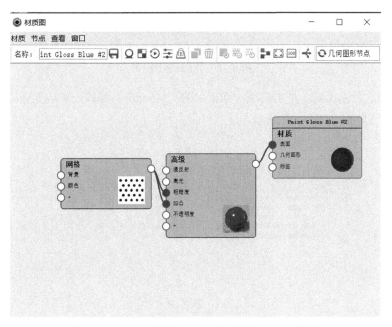

图 6-11　在材质图窗口中进行材质设置的示意图

⑦ 对椅腿材质进行调节。在材质库的 **Metal** 列表中选择一个金属材质，将其拖拽至椅腿。右键单击"编辑材质"，将其"粗糙度"调为"0.15"。并为底部赋予一个黑色塑料材质。

⑧ 在项目窗口对环境进行细调。对之前已有的圆形光进行调节，单击设置高亮显示 ，首先把光打在正视图中央作为主光源，将亮度调高至 2.5，并适当调节灯光半径。

进一步单击设置高亮显示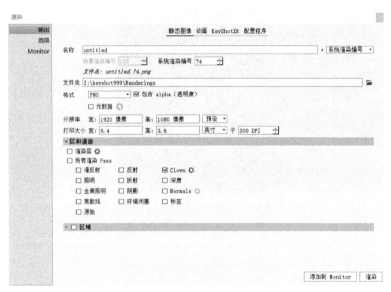并单击模型背面以实现添加针（即点光源），此为背光，调节灯光颜色至偏暖。重复上述操作，再次添加针作为侧光。单击地面，右键隐藏部件。在环境项目窗口的"设置"一栏中选择颜色背景，调节颜色。

⑨ 调整摄像机。将模型调整至适合的角度，在右侧"相机"项目窗口单击"保存当前相机"并删去多余相机后，单击"渲染"。如图 6-12 所示，在弹出的对话框中选择图片保存的位置，随后选择"添加到 Moniter"，关闭对话框，选择其他角度，并重复以上操作。

图 6-12　渲染数据保存

⑩ 全部选择完毕后，单击渲染对话框中的"Monitor"窗口，确认无误后，单击"处理 Monitor"即可，如图 6-13 所示。

图 6-13　渲染操作界面

完成效果如图 6-14（见文后彩插）所示。

图 6-14　最终效果图

6.1.4　金属的材质特点与渲染方法

① 将小圆几的模型在 Rhino 软件中分好层，拖拽进 KeyShot 中，调整好位置，如图 6-15 所示。

② 在材质库中选择一款金属材质，如图 6-16 所示，拖拽至边几桌身的位置。右键单击"编辑材质"，调整颜色为黄铜色，并将"粗糙度"调节为"0"。如图 6-17 所示。

图 6-15　小圆几模型

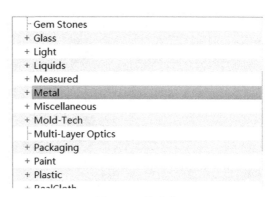

图 6-16　材质库

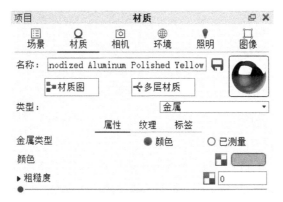

图 6-17　编辑材质参数

③ 在材质库中选择白色塑料，拖拽到边几底部的连接处，调节"粗糙度"和"折射指数"，如图 6-18 所示。

图 6-18　塑料参数调节

④ 椅面材质类型选择"高级"，单击如图 6-19 所示的"纹理"，打开纹理栏并在其中勾选"漫反射"选项，在新弹出的对话窗口选取本地磁盘中保存的适合的纹理图像。在"尺寸与映射"栏目中可以调节图样在 UV 方向的位置，在"颜色"栏目中可以通过调节亮度和对比度调节纹理效果（如图 6-20）。

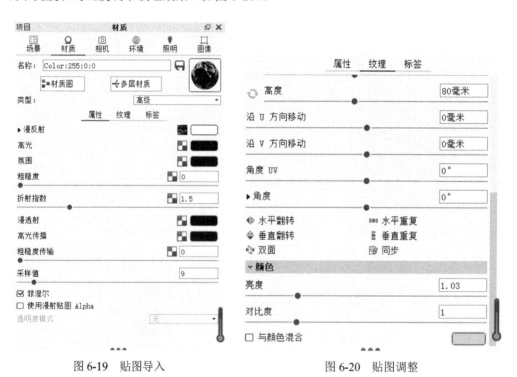

图 6-19　贴图导入　　　　　　　图 6-20　贴图调整

⑤ 小技巧：如何调玻璃材质？

在材质库中点选"玻璃"，选择想要的玻璃材质，将玻璃材质的透明度调高；在项目窗口的"材质"中双击材质球可修改玻璃材质参数，可以在"照明→通用照明→射线反弹"下，对玻璃材质的该参数进行调整。经过前述各种渲染参数的调整，最终可以获得该家具的成品效果（图 6-21，见文后彩插）。

图 6-21　渲染成品图

6.1.5　皮革的材质特点与渲染方法

① 打开 KeyShot，导入模型。在材质库中找到塑料（高级）材质，赋予到模型（图 6-22）。

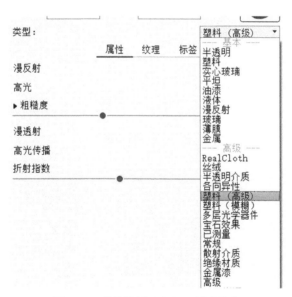

图 6-22　赋予塑料（高级）材质操作

② 在材质项目窗口中单击"材质图"，同时打开纹理库搜索一种皮革纹理，并将该皮革纹理拖拽至材质图中，用鼠标将该纹理贴图块的圆圈与塑料材质中"凹凸"选项前的圆圈连接（如图 6-23 所示），完成贴图编辑（图 6-24，见文后彩插）。

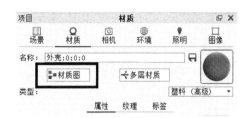

(a) 打开材质图面板

(b) 在"库→纹理"中找到皮革材质

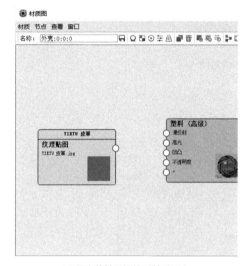

(c) 将皮革材质拖拽至材质图中

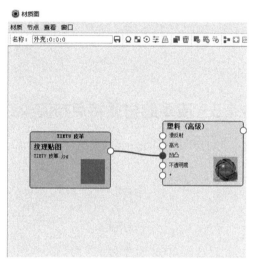

(d) 将皮革材质与凹凸属性连接

图 6-23　纹理贴图操作

图 6-24　皮革贴图效果

③ 单击材质项目窗口中"属性→漫反射"，选择合适的颜色（图 6-25），单击"属性→高光"（图 6-26），选择与漫反射同色系较高明度低饱和度的颜色（图 6-27，见文后彩插）。

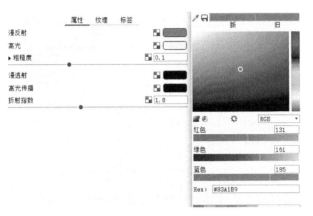

图 6-25　选取漫反射颜色

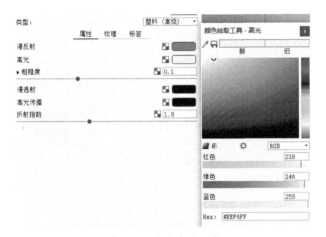

图 6-26　选取高光颜色

图 6-27　调整属性颜色后效果

④ 如图 6-28 所示，在"属性→粗糙度"处调整粗糙度数值使材质具有一定的缎纹感。

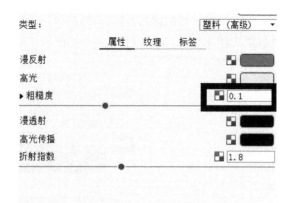

图 6-28　调整粗糙度

⑤ 调整"漫透射"和"高光传播"数值（图 6-29），即调整通过材质的分散光以及直接通过材质光的颜色。

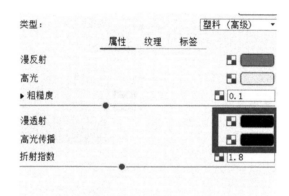

图 6-29　调整漫透射和高光传播操作

⑥ 调整"折射指数"，使材质更自然（图 6-30）。在"纹理→凹凸"中调整凹凸高度，同时勾选法线贴图（图 6-31）。

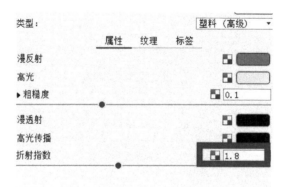

图 6-30　调整折射指数操作

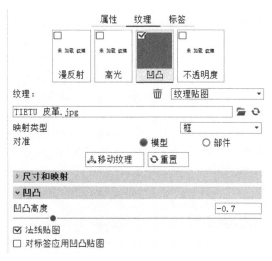

图 6-31　调整凹凸高度勾选法线贴图

⑦ 在"环境→ HDRI 编辑器"中添加适量针（图 6-32），调整半径为 30、亮度为 5，混合模式为添加，移动至合适位置（图 6-33）。

图 6-32　添加针操作

⑧ 如图 6-34 所示，给光源添加衰减效果，设置"衰减"数值并选择"从边缘衰减"，使光效柔和。再添加聚光灯材质，如图 6-35 所示。

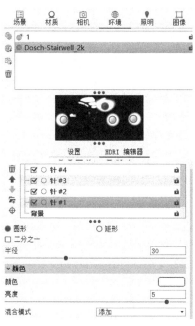

图 6-33　调整针半径及亮度操作

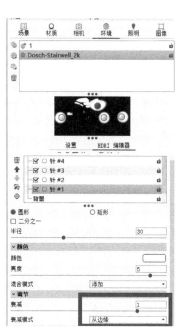

图 6-34　调整光源衰减操作

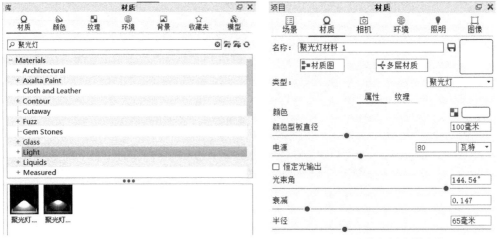

(a) 在库搜索聚光灯

(b) 调节聚光灯属性参数

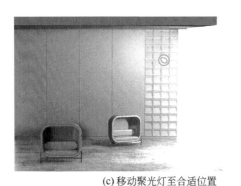

(c) 移动聚光灯至合适位置

图 6-35　添加聚光灯材质操作

⑨ 调整相机，适当调整距离、方位角以及倾斜和扭曲角，使产品呈现更自然（图 6-36）。

⑩ 单击"渲染→设置分辨率"并进行渲染［图 6-37、图 6-38（见文后彩插）］。

图 6-36　调整相机操作

图 6-37　调整渲染分辨率操作

图 6-38 皮革胶囊椅渲染效果

6.1.6 木材的材质特点和渲染方法

① 打开 KeyShot，导入模型，双击模型，选用"高级"材质［图 6-39、图 6-40（见文后彩插）］。

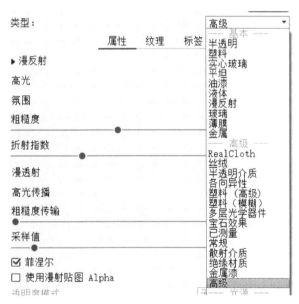

图 6-39 选择材质操作

② 纹理贴图 在材质项目中单击"材质图"，右键选择"纹理→纹理贴图"，单击纹理贴图图标，在"属性"栏打开文件夹导入适合的贴图，将纹理贴图与漫反射连接（图 6-41）。

图 6-40　高级材质模型效果

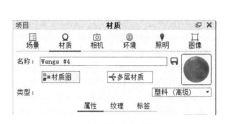

(a) 打开材质图面板

(b) 创建纹理贴图

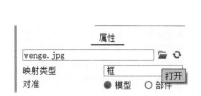

(c) 导入贴图

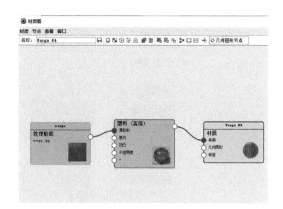

(d) 将纹理贴图与漫反射连接

图 6-41　纹理贴图操作

③ 调整纹理　在"纹理→映射"中调整合适的缩放比例及亮度、对比度（图 6-42、图 6-43）。

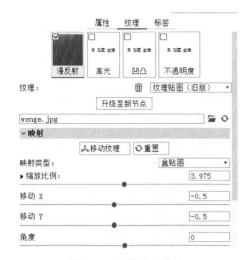

图6-42 调整纹理大小

图6-43 调整纹理亮度和对比度

④ 调整折射指数 在"属性"中调整粗糙度和折射指数，使反光效果更贴近木材质感（图6-44）。

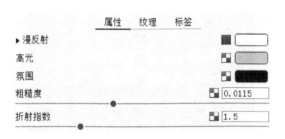

图6-44 调整粗糙度和折射指数

⑤ 如图6-45所示，调整"属性"中的粗糙度传输值和采样值，并勾选"菲涅尔"，可以得到如图6-46（见文后彩插）所示效果。

图6-45 调整属性操作

图6-46 调整属性及纹理后效果

⑥ 添加聚光灯材质 在材质库中搜索聚光灯，调节聚光灯属性参数并将该聚光灯部件移动到适宜位置（如图6-47），添加聚光灯后效果图如图6-48所示。

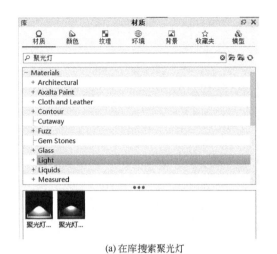

| (a) 在库搜索聚光灯 | (b) 调节聚光灯属性参数 |

(c) 移动聚光灯至合适位置

图 6-47　添加聚光灯材质操作

图 6-48　添加聚光灯后效果

⑦ 调整相机　在相机中，调整合适的距离、方位角以及倾斜和扭曲角（图 6-49），调整相机后得到如图 6-50 所示效果。

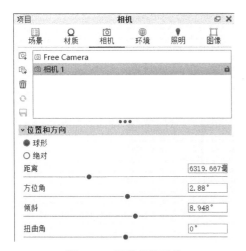

图 6-49 调整相机操作

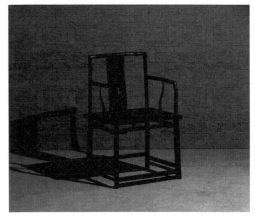

图 6-50 调整相机后效果

⑧ 调整环境　在"环境→设置→调节"中调整亮度为"0.88"、对比度"1"（图 6-51）。在"环境→ HDRI 编辑器"中添加针，调整半径为"49.32"、亮度为"2"，混合模式为"添加"，衰减值"1"，移动至合适位置（图 6-52），得到如图 6-53 所示效果。

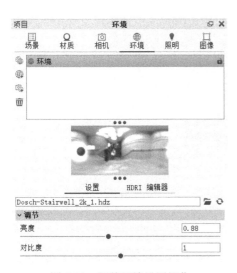

图 6-51 调整环境设置操作

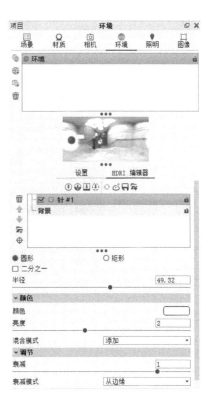

图 6-52 调整环境 HDRI 编辑器操作

⑨ 渲染　单击"渲染"进入渲染设置界面（图 6-54），按需求命名并设置保存路径，按需求选择合适的分辨率，并单击"渲染"（图 6-55），得到如图 6-56（见文后彩插）所示最终效果图。

图 6-53　调整环境后效果

图 6-54　渲染设置操作　　　　　　　图 6-55　渲染分辨率设置操作

图 6-56　渲染效果

（感谢深圳市凌乱创想文化传媒有限公司为本节部分内容的撰写提供技术支持。）

6.2
有限元分析软件

美国 Intact Solutions 公司在美国国家科学基金会、美国国家标准与技术研究院及国防高级研究计划局的支持下，开发了 Scan & Solve 这一能够内置于 Rhinoceros 中的有限元分析软件，利用该软件能够在 Rhino 这一平台软件中直接对实体模型执行线性静态结构分析。Scan & Solve 采用无网格有限元分析方法，在 Rhino 中使用其进行有限元分析时不需要进行网格划分、模型简化、修复、平移等操作，在不具备专业的有限元分析知识的前提下也可以较容易地上手。

Scan & Solve 支持对多种材料构成的组合模型进行应力模拟。每个 Rhino 文档都可以包含一组模拟方案，每个方案都由其自己的组件、材料、约束、载荷和模拟设置组成。

6.2.1 有限元分析软件 Scan&Solve 的安装

通过 Intact Solutions 公司官网（如图 6-57 所示）可以下载得到该 Scan & Solve 软件的免费试用版本，并可以免费获得该软件的技术白皮书。下载好软件安装程序后按图 6-58 示出的步骤选择安装组件、安装位置等进行软件安装，安装完成后单击"Finish"退出安装程序。

图 6-57　Intact Solutions 公司官网

图 6-58　Scan & Solve 软件的安装步骤示意图

完成软件的安装后并不会在桌面上生成新的图标，Rhino 软件操作界面也不会发生变化，只有在 Rhino 的命令行输入"snspro"命令后才能启动该有限元分析软件。

6.2.2　有限元分析的基本思路和操作步骤

使用 Scan & Solve 进行有限元分析的过程，遵循确定分析场景、选择组件、指定材料、施加约束、施加载荷、设定解析度、使用计算机进行数据分析、生成图像文件，并根据力学等专业知识分析有限元计算结果的这一宏观思路。家具设计师所进行的有限元分析更多关注产品的力学性能，可重点观察有限元分析所得到的家具强度、家具中的薄弱结点、家具产品的应力情况、家具产品在加载情况下的变形等。以下为具体操作步骤。

① 确定分析场景。在命令行中输入"snspro"命令后会弹出场景选择对话框（如图 6-59 所示），此对话框中会自动显示曾经运行过的场景方案，并可以对有关场景方案编辑、复制或者删除。

② 选择待分析的组件。设置完场景之后会弹出如图 6-60 的对话框，在对话框的"Specify"选项卡的"Components"部分单击"Add"按钮，就可以使用鼠标选择待分析组件。在选择组件的过程中只能选择经过封闭的实体组件。Scan & Solve 可处理的组件包括 Rhino 中的多曲面实体、挤出实体以及网格实体，同时我们可以对实体进行组合装配。

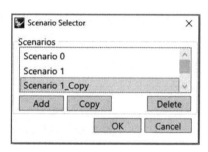

图 6-59　用以确定有限元
分析场景的对话框

③ 指定有关组件的具体材料。选定好组件之后即需要指定材料，Scan & Solve 中的材料包括标准工程材料和自定义材料两类。标准工程材料是系统已经给定具体参数的材料，用户单击材料名称进行选择即可。同时软件中也可以根据实际情况进行自选材料的命名和参数设置。选择正确的材料并给定材料参数是有限元分析能够获得正确结果的前提。

④ 为组件设置约束条件。在 Restraints 部分单击"Add"按钮，会弹出约束条件设置对话框，结合鼠标指定受约束的部位，即可完成组件中约束条件的设定。

⑤ 设置组件的具体载荷。所设置的载荷可以是表面载荷或物体载荷，单击"Add"按钮即可向组件添加载荷，单击"Edit"则可以对所添加的载荷进行再定义。

⑥ 设定模拟的解析度。在 Resolution 部分拖动滑块即改变模拟的解析度，向左移动滑块后数据量变越小，显示的可视化方案相对粗糙，而向右移动滑块则相反。

⑦ 开始执行计算过程。单击"Go！"按钮，程序开始进行有限元分析运算，直至运算完毕。值得注意的是，当模型体量很大且需要计算的内容特别多的时候，可能会耗用更多的系统资源和运算时间。

⑧ 生成并分析仿真图像。利用图 6-61 示出的选项卡进行包括标记、剖面、图例等在内的信息设置。

图 6-60　指定组件及进行参数设置的对话框

图 6-61　进行信息设置的选项卡

6.2.3　有限元分析在家具设计中的应用实例

本节以第四章中完成的一件实木家具为例，介绍有限元分析的操作步骤。可以通过网址 www.cip.com.cn 下载该"方背椅"家具模型。

进行有限元分析之前，首先要对模型进行整理。由于待分析组件只能是封闭的实体，因此需要检查模型并确保整个家具中所有部件均已经变为封闭的实体。运用显示边缘 📐（ShowEdges）工具，对该模型进行分析，使外露边缘（图 6-62 中紫红色线条，见文后彩插）得以突显，进而围绕外露边缘对模型进行必要的修改。

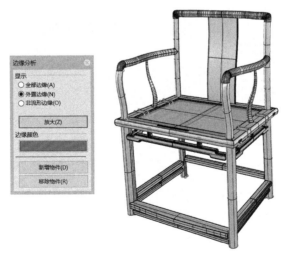

图 6-62　执行显示边缘命令寻找非封闭实体零件

针对发现的问题，执行解散群组、组合（Join）、删除以及将平面洞加盖（Cap）等修改命令，最终使所有零部件都转化为封闭的实体。

在命令行输入"snspro"命令后软件自动跳出对话框，如图 6-63 所示，此时如果是第一次执行该命令则可对场景进行命名，同时不会跳出场景选择对话框，也无须选择场景。

图 6-63　执行"snspro"命令后自动跳出对话框

在 Components 部分单击"Add"按钮后，可选择该椅子的各部件作为待分析部件。被选中的物件会改变显示颜色，以提示其已被选中。按回车键之后，系统自动弹出材质选择对话框（如图 6-64 所示）。在本案例中选择"Walnut，Black"作为用于有限元分析时使用的木材种类，同时需要注意选择适合的木材纹理走向。

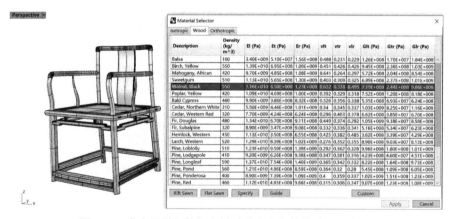

Description	Density (kg/m^3)	El (Pa)	Et (Pa)	Er (Pa)	vlt	vtr	vlr	Glt (Pa)	Gtr (Pa)	Glr (Pa)
Balsa	160	3.40E+009	5.10E+007	1.56E+008	0.488	0.231	0.229	1.26E+008	1.70E+007	1.84E+008
Birch, Yellow	550	1.39E+010	6.95E+008	1.08E+009	0.451	0.426	0.426	9.45E+008	2.36E+008	1.03E+009
Mahogany, African	420	9.70E+009	4.85E+008	1.08E+009	0.641	0.264	0.297	5.72E+008	2.04E+008	8.54E+008
Sweetgum	510	1.13E+010	5.65E+008	1.30E+009	0.403	0.309	0.325	6.89E+008	2.37E+008	1.01E+009
Walnut, Black	550	1.16E+010	6.50E+008	1.23E+009	0.632	0.378	0.495	7.19E+008	2.44E+008	9.86E+008
Poplar, Yellow	420	1.09E+010	4.69E+008	1.00E+009	0.392	0.329	0.318	7.52E+008	1.82E+008	8.18E+008
Bald Cypress	460	9.90E+009	3.86E+008	8.32E+008	0.326	0.356	0.338	5.35E+008	6.93E+007	6.24E+008
Cedar, Northern White	310	5.50E+009	4.46E+008	1.01E+009	0.34	0.345	0.337	1.03E+009	8.25E+007	1.16E+009
Cedar, Western Red	320	7.70E+009	4.24E+008	6.24E+008	0.296	0.340	0.378	6.62E+008	3.85E+007	6.70E+008
Fir, Douglas	480	1.34E+010	6.70E+008	9.11E+008	0.449	0.374	0.292	5.71E+008	8.96E+007	8.58E+008
Fir, Subalpine	320	8.90E+009	3.47E+008	9.08E+008	0.332	0.336	0.341	5.16E+008	5.34E+007	6.23E+008
Hemlock, Western	450	1.13E+010	3.50E+008	6.55E+008	0.423	0.382	0.485	3.62E+008	3.39E+007	4.29E+008
Larch, Western	520	1.29E+010	8.39E+008	1.02E+009	0.276	0.352	0.355	8.90E+008	9.03E+007	8.13E+008
Pine, Loblolly	510	1.23E+010	9.59E+008	1.39E+009	0.328	0.292	0.328	9.96E+008	1.60E+008	1.01E+009
Pine, Lodgepole	410	9.20E+009	6.26E+008	9.38E+008	0.347	0.381	0.316	4.23E+008	4.60E+007	4.51E+008
Pine, Longleaf	590	1.37E+010	7.54E+008	1.40E+009	0.365	0.342	0.332	8.22E+008	9.38E+007	9.73E+008
Pine, Pond	560	1.21E+010	4.96E+008	8.59E+008	0.364	0.32	0.28	5.45E+008	1.09E+008	6.05E+008
Pine, Ponderosa	400	8.90E+009	7.39E+008	1.05E+009	0.4	0.359	0.347	1.02E+009	1.09E+008	1.23E+009
Pine, Red	460	1.12E+010	4.93E+008	9.86E+008	0.315	0.308	0.347	9.07E+008	1.23E+008	1.08E+009

图 6-64　为家具零部件指定材质种类和参数的过程示意图

值得注意的是，在 Scan & Solve 中有各向同性材料也有各向异性材料，各向同性材料如金属、塑料和陶瓷等，各向异性材料如木材、定向人造板等。在使用各向同性材料时直接指定材料特性即可，而使用各向异性材料时需要启用坐标系显示功能，并用红色、绿色、蓝色分别代表材料中不同的方向，这些方向意味着材料在不同方向会具有不同机械性能。因此需要使用对话框左下角的"Rift Sawn""Flat Sawn"或"Specify"按钮，分别为不同位置的家具部件指定材料的径向与弦向，从而使有限元软件中设定的材料参数与实际情况相符。设定完材质参数的家具如图 6-65（见文后彩插）所示。图中红色箭头代表木材纹理方向，图中绿色箭头代表与生长环相切的方向，图中蓝色箭头代表垂直于生长环的方向（图 6-66，见文后彩插）。

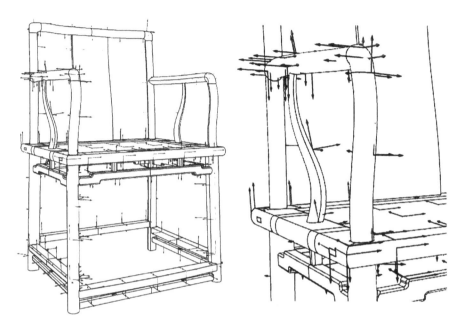

图 6-65　为家具中各木质零部件指定纹理方向示意图

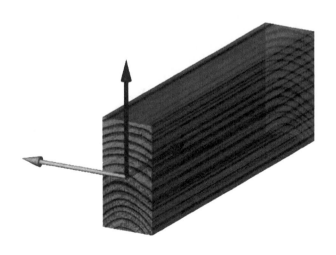

图 6-66　各箭头的含义示意图

　　进一步，为该家具设定约束条件，选择四条腿的下端与地面接触的部位为约束部位。进而在座面施加相当于一个成年人体重的载荷 –500N（在窗口输入"0，0，–500"），具体加载情况如图 6-67 所示。

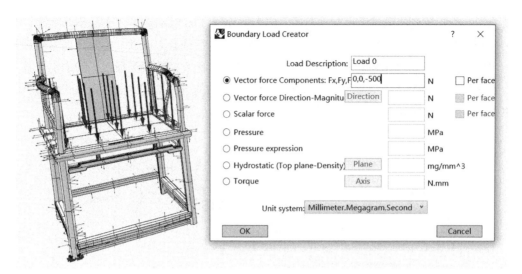

图 6-67 施加载荷情况示意图

为模型设定恰当的解析度，如图 6-68 所示，选择不同的解析度所看到的效果略有差别。当解析度为 10000 时所看到的网格较宽大，当解析度为 27600 时网格宽度变小细节变多，当解析度为 1500000 左右时网格已经非常致密。为了减少计算量，本案例中选择最左侧的方案进行演示。

图 6-68 为模型设置不同解析度的效果

利用计算机进行有限元计算，可获得该实木家具的计算结果，输出该家具产品的强度、应力、位移、形变的具体数据。进一步利用有限元分析方法，结合检测标准和家具在使用过程中的受力情况等，可以在综合运用力学方面专业知识的前提下，准确判断家具强度是否满足使用需求，在一定的条件下家具中的薄弱结点在什么位置，以及家具产品在不同加载情况下的变形情况，以此来改进家具产品的材料或者改变其结构设计，设计出质量更好的产品（图 6-69，见文后彩插）。

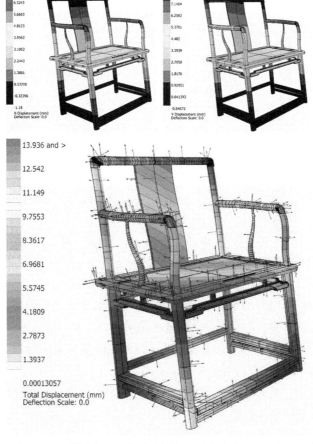

图 6-69　利用有限元方法计算得到的实木家具位移情况

6.3
板式家具设计 R5 插件

6.3.1　板式家具设计专用插件 R5 介绍

R5 是运行于 Rhino 平台的一款插件，主要是用于制作自动化模型与模型信息输出。插件将所有操作指令化，通过叠加指令，实现自动执行。每一指令都有输入与输出。例如 Rhino 的移动命令 ⬚，在 Rhino 中的操作是：

① 选择要移动的物体；

② 移动的起点；

③ 移动的终点。

在 R5 中也一样，输入的是以上 3 个变量，输出是移动后的物体（图 6-70）。

图 6-70　R5 的脚本界面

　　采用脚本指令的好处是明显的，一次制作，日后省去重复性的手工作业，还不易出错。对于家装行业，很多产品只是改变尺寸或简单修改，故往往只要控制几个变量即可。脚本指令不需要掌握编程语言，如有不明白，运行 Rhino 中对应的命令，观察命令的输入与结果，再回到 R5 脚本中对应的指令。

　　用脚本处理模型，省时省力，本质上就是将手工操作的流程预设好，通过控制某些输入参数，影响模型的最终效果。

　　图 6-71 展示了将电视柜门、抽屉换成欧式门抽。

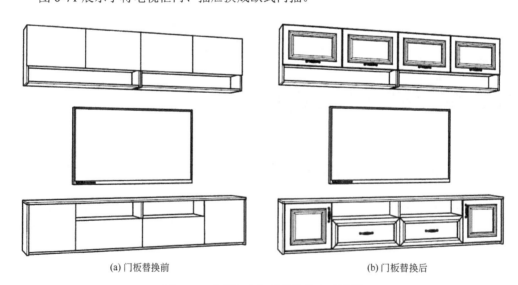

(a) 门板替换前　　　　　　　　　　　　　　　　(b) 门板替换后

图 6-71　电视柜中门板替换前后对照图

上述操作的步骤是：

① 对于容易修改的欧式门板，拿一个预先建好的欧式门板，通过移动面、移动边等

操作，把欧式门调成原门的尺寸，放到原门板的位置，当门板数量多时，较为费时。

②对于不容易修改的欧式门板，如不能简单地通过移动面、移动边修改的，或尺寸改变需要增加/减少结构的，那么就比较复杂了，要为每一个门重新建模，相当费时。

如果用脚本实现模型的绘制或修改，并取得每个原门的位置与尺寸，那么一个执行就能把门板替换，一次编写永久使用。

定制家具结构不复杂，但非常灵活多变，经常会遇到各种各样的空间限制、施工限制、需求限制、预算限制，等等，需要不断积累经验以便更好地处理各种细节设计问题。

板式家具涉及的几乎都是板件，设计用到的操作命令比较简单，常用修改命令：

① 移动 ；

② 旋转 ；

③ 镜像 ；

④ 复制 ；

⑤ 移动面 ，可以方便修改柜子尺寸；

⑥ 移动边 ，可以方便修改柜子尺寸。

以下章节主要进行混合设计，混合设计是最受欢迎的一种设计方式，能充分体现定制设计的价值，最大限度地利用室内空间。

在进行设计前，介绍下 R5 的图库（图 6-72）。图库可以收集曾经做过的设计或脚本设计，以便下次调用。善用图库，可以使设计工作更简单。

一般要提高设计效率，就要有积累。定制设计基本的积累思路是：

① 画一块方块板；

② 复制板组成简单柜子；

③ 简单柜子演变成各种功能的柜子；

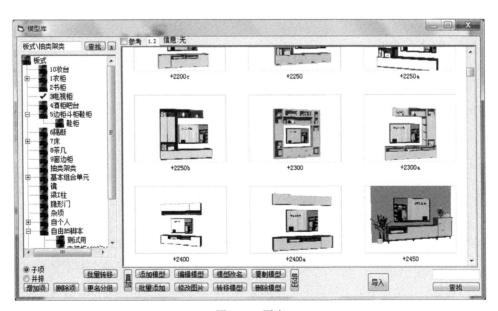

图 6-72　图库

④ 各种柜子组合成复杂的空间设计。

基本上设计工作都是直接利用第③、④项，例如一般直接修改现有衣柜，或直接修改现有组合，或现有各种柜子组合修改。对于常用的柜子款式，建议脚本化。

通过不断地重用、改进，让产品更加完善、丰富。产品数量积累到一定的规模，设计便会变得更简单。

6.3.2 入门鞋柜、收纳柜、玄关混合设计案例

本节介绍一个入门鞋柜、收纳柜、玄关混合设计的案例，以下为现场拍摄的照片（图6-73）。

(a) 入门玄关现场照片   (b) 客厅现场照片

图6-73 设计现场的照片

客户的设计期望：

① 利用好门后空间；

② 有收纳柜、鞋柜；

③ 有玄关、书桌；

④ 玄关能摆放大鱼缸。

对于组合设计，基本的做法是首先做空间布局，在布局合适后，再开始设计。二维空间布局根据自己的习惯，以方便、易修改为主，一般比较简洁，避免线条过多，即草图布局（图6-74、图6-75）。

根据草图布局，实现组合设计（图6-76）。

组合类设计并不是一步到位，而是根据组装的流程和材料的规格，将组合柜拆分成几组（图6-77），设计好每组，再组合而成。一般的拆分原则：一是单个柜不宜过大，过大影响安装；二是单个柜不宜过小，过小重复的板多，造成材料与空间的浪费；三是特殊情况，灵活处理。

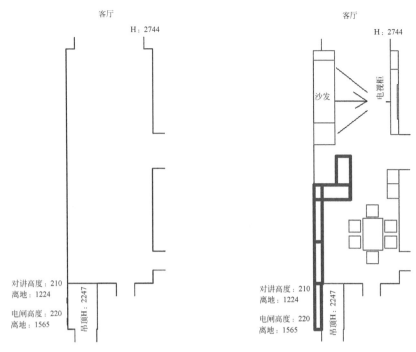

图 6-74　空间布局前　　　　　　　　　　　图 6-75　空间布局后

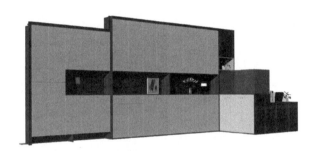

图 6-76　组合设计

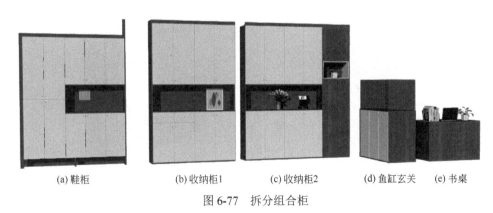

(a) 鞋柜　　　(b) 收纳柜1　　　(c) 收纳柜2　　　(d) 鱼缸玄关　　(e) 书桌

图 6-77　拆分组合柜

① 鞋柜，鞋柜要注意处理的是电箱与对讲机（图 6-78 ～图 6-81）。

② 收纳柜 1，收纳柜 1 为常规收纳柜。

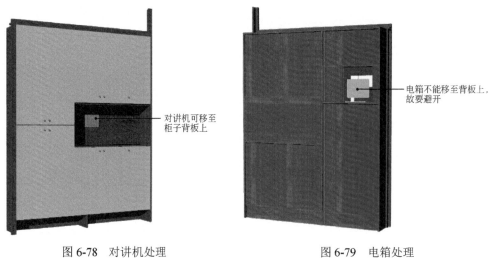

图 6-78 对讲机处理　　　　　　　　图 6-79 电箱处理

对讲机可移至
柜子背板上

电箱不能移至背板上,
故要避开

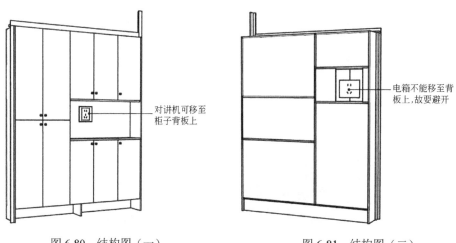

图 6-80 结构图（一）　　　　　　　图 6-81 结构图（二）

对讲机可移至
柜子背板上

电箱不能移至背
板上,故要避开

③ 收纳柜 2，由于玄关柜的阻挡，被阻挡部分柜子，柜门侧开以利用空间（图 6-82、图 6-83）。

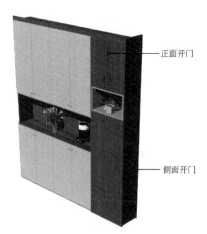

正面开门

侧面开门

正面开门

侧面开门

图 6-82 收纳柜 2　　　　　　　　　图 6-83 收纳柜 2

④ 鱼缸玄关。鱼缸玄关的内部设计要考虑对鱼缸重量的支撑，以及进排水的开孔位置（图 6-84～图 6-87）。

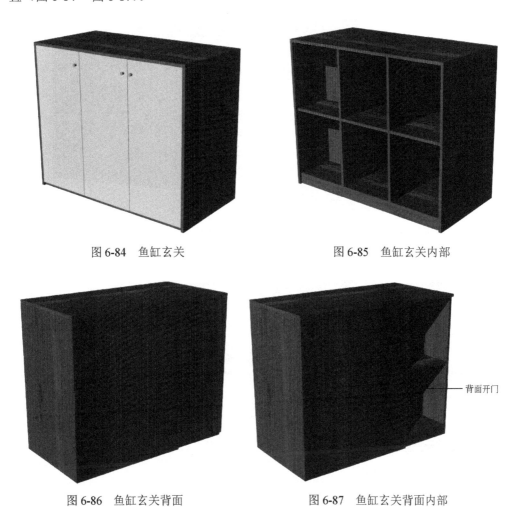

图 6-84　鱼缸玄关　　　　　　　　　　图 6-85　鱼缸玄关内部

背面开门

图 6-86　鱼缸玄关背面　　　　　　　　图 6-87　鱼缸玄关背面内部

⑤ 书桌为常规书桌。

最终柜子内外结构（图 6-88～图 6-91）。

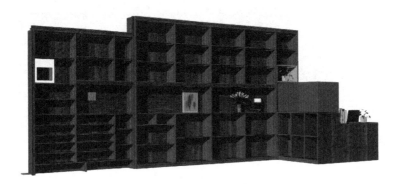

图 6-88　内部结构正面

图 6-89　内部结构背面

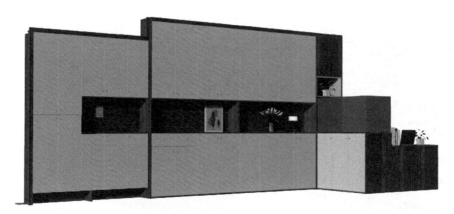

图 6-90　封门加抽正面

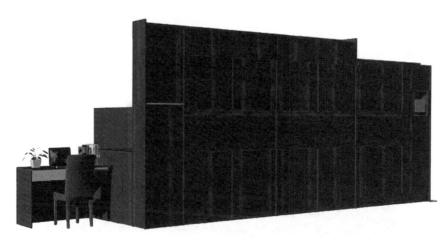

图 6-91　封门加抽背面

6.3.3 衣柜、书桌、书柜、床混合设计案例

现场场景照片见图 6-92 ～图 6-95。

图 6-92 现场照片（一）

图 6-93 现场照片（二）

图 6-94 现场照片（三）

图 6-95 现场照片（四）

设计期望：计划把小房间打造成一个双人娱乐、休息、工作的空间，并作为临时客房，以后作为儿童房。且要求尽可能利用墙上的洞口，即不要挡死。布局见图 6-96、图 6-97。

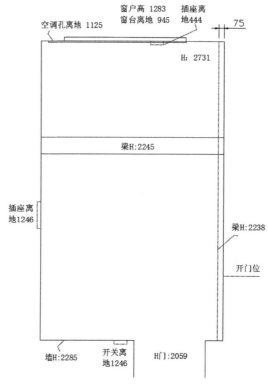

图 6-96　布局前

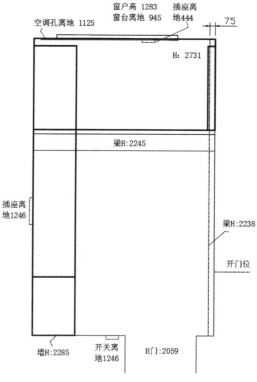

图 6-97　布局后

布局时，应充分考虑现有插座、空调、梁柱、窗户、开门空间等因素，做到充分利用原有插座，尽量不移动空调或不重新开孔，柜子避免阻挡光线，等等，让剩下的空间尽量方正开阔。本布局特点：

① 书桌不在窗边，避免光线的影响，使用电脑更舒适。利用了现有插座。不背房门，隐私性好，干扰少。

② 榻榻米床虽对房门，但远离房门，对于次房这是可以的。剩余空间舒适方正，且床不在梁下，避免了梁压床。

③ 进门衣柜放常用衣服，床尾衣柜放不常用衣服。

因此房间具备书桌、书柜、衣柜、床，一般此类设计先设计好柜子，再摆放进房间。不直接在房间内制作柜子，主要是为了减少多余的干扰，便于处理柜子的细节。房间可以手动建模，或用插件快速生成，对于全空间的定制柜子，一般都建议制作出房间（图 6-98 ～图 6-101）。

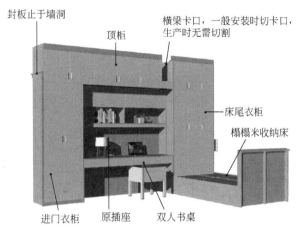

图 6-98　组合设计正面

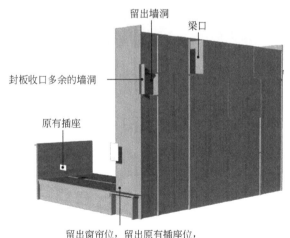

图 6-99　组合设计背面

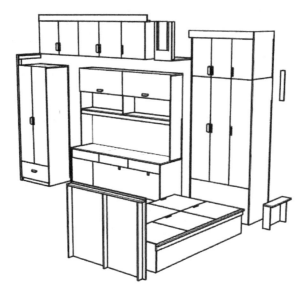

图 6-100   拆分柜子

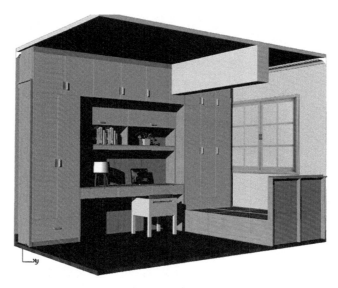

图 6-101   房间摆放

6.3.4 多功能木房间设计案例

定制设计灵活多变，但本质是一样的，欧式是换门抽，加灯是在层板上拉灯槽，这些都是简单的设计延伸。因此掌握空间布局、合理拆分柜子，是学习定制设计的关键。

现场场景见图 6-102。

设计期望：房子是 2 房，计划从大厅隔多一个房间，原计划砌墙隔开，但考虑砌墙会浪费已紧缺的收纳空间，决定定制出一个房间，包括书柜、衣柜、书桌、高床。本设计需要考虑房门、窗户、梁柱，并利用好插座。

图 6-102　现场照片

布局如图 6-103、图 6-104。

大厅房

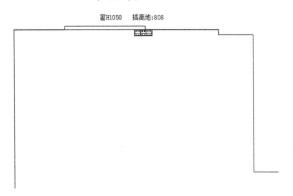

图 6-103　布局前

大厅房

图 6-104　布局后

根据草图布局，设计组合好柜子，可暂不处理梁柱（图 6-105 ～图 6-107）。

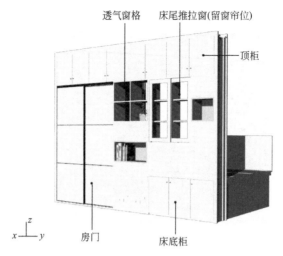

透气窗格　床尾推拉窗(留窗帘位)

顶柜

房门

床底柜

图 6-105　组合设计背面

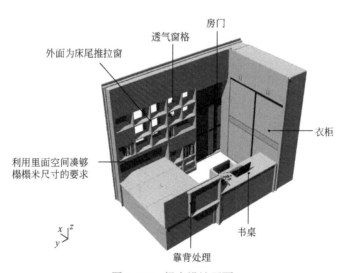

透气窗格

房门

外面为床尾推拉窗

衣柜

利用里面空间凑够榻榻米尺寸的要求

书桌

靠背处理

图 6-106　组合设计正面

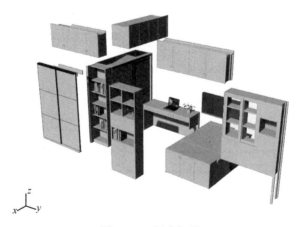

图 6-107　拆分柜子

拆分柜子，根据组装的流程和材料的规格而设计。组装流程见图6-108～图6-121。

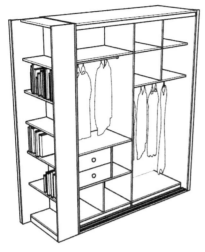

图 6-108　步骤 1

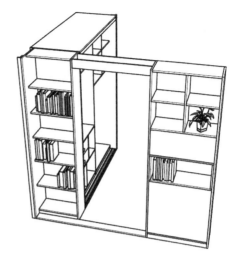

图 6-109　步骤 2

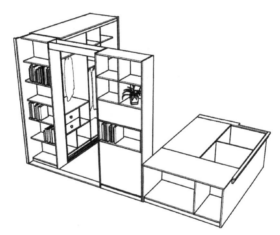

图 6-110　步骤 3

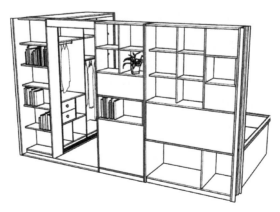

图 6-111　步骤 4

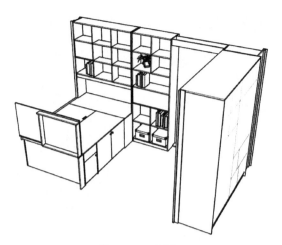

图 6-112　步骤 5

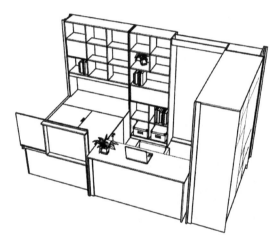

图 6-113　步骤 6

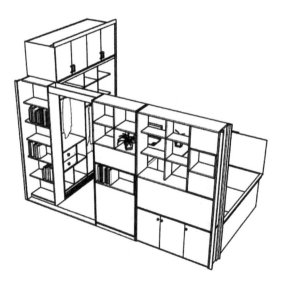

图 6-114　步骤 7

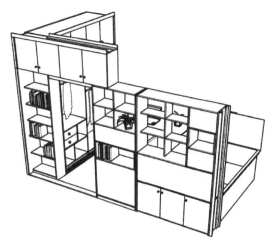

图 6-115　步骤 8

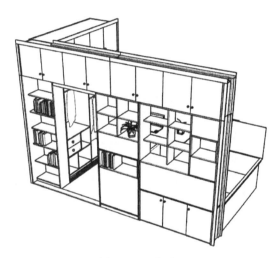

图 6-116　步骤 9

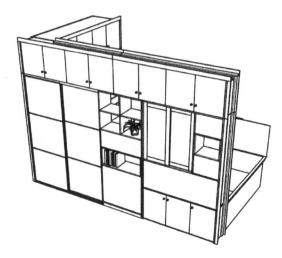

图 6-117　步骤 10

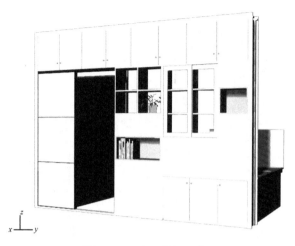

图 6-118　演示推门进房

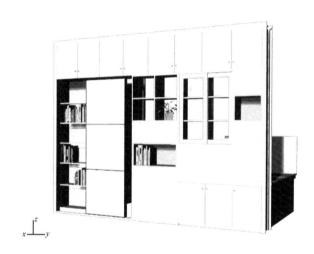

图 6-119　演示推门开书柜

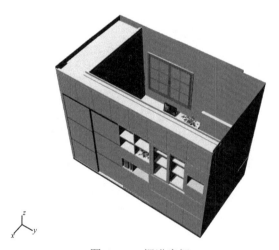

图 6-120　摆进房间

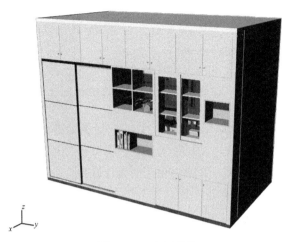

图 6-121 房间整体

最后处理梁柱，并根据客户的使用习惯进行修正（图 6-122、图 6-123）。

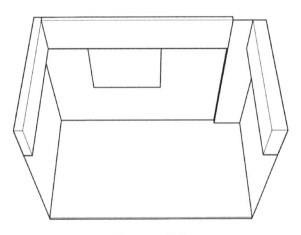

图 6-122 梁柱

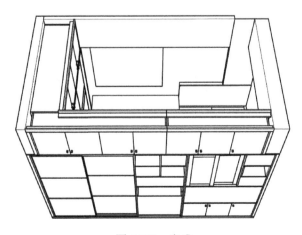

图 6-123 完成

6.4
本章小结

从简单的板件开始到复杂的空间组合设计，一步步走进了定制设计的领域，定制家具还涉及很多工艺与设计细节，以及各式五金。实际操作还会遇到各种客观因素制约，需要不断地实践积累。Rhino 是一款高自由度的设计软件，很适合各种复杂结构的设计。

设计小建议：

① 基本尺寸是设计的基础。

② 柜子开放区一般是常用区，不常用区一般封门，以减少卫生作业。

③ 书柜上方多用玻璃门方便找书，下方多用板门可防意外破碎。

④ 空间布局一般利用四周，腾出更多方正空间。

附录1 Rhino中常用快捷键一览表

编号	图标	快捷键	命令	编号	图标	快捷键	命令
1		—	旋转透视视图；平移平行视图	19		—	将物件加入选集
2	（滚轮）	—	缩放视图，放大或缩小	20	（单击）	—	弹出工具列
3	—	F1	说明	21	—	Ctrl+F1	最大化工作视窗：Top
4	—	F2	CommanHistory	22	—	Ctrl+F2	最大化工作视窗：Front
5	—	F3	属性	23	—	Ctrl+F3	最大化工作视窗：Right
6	—	F8	切换正交	24	—	Ctrl+F4	最大化工作视窗：Perspective
7	—	F9	切换锁定格点	25	—	Ctrl+A	全选
8	—	F10	打开点	26	—	Ctrl+B	定义图块
9	—	F11	关闭点	27	—	Ctrl+C	复制到剪贴板
10		Ctrl+V	粘贴	28	—	Ctrl+Y	重做
11	—	Ctrl+X	剪切	29	—	Ctrl+Z	复原
12		Ctrl+G	群组	30		Ctrl+Shift+G	解散群组
13		Ctrl+H	隐藏	31		Ctrl+Shift+S	分割
14		Ctrl+J	组合	32		Ctrl+Alt+H	显示
15		Ctrl+L	锁定	33		Ctrl+Alt+L	解除锁定
16		Ctrl+M	工作视窗最大化显示	34		Ctrl+S	保存
17		Ctrl+N	新建	35		Ctrl+T	修剪
18		Ctrl+O	打开	36		Ctrl+P	打印

注：单击选项图标 ，再单击 Rhino 选项下的键盘（如附图 1），可根据个人习惯和偏好设置属于自己的快捷键（如附图 2）。

附图 1　Rhino 选项面板

附图 2　巨集设置面板

附录 2　Rhino 中常用命令名称及图标

点工具

单点 ▫（Point）

多点 ▦（Points）

抽离点 ▦（ExtractPt）

最接近点 ▦（ClosestPt）

数个物件的最接近点 ▦（ClosestPt）

标示曲线起点 ▦ ▮（CrvStart）

标示曲线终点 ▦ ▮（CrvEnd）

依线段长度分段曲线 ▦ ▮（Divide）

依线段数目分段曲线 ▦ ▮（Divide）

点格 ▦（PointGrid）

在物件上产生布帘点 ▦（DrapePt）

点云 ▦（PointCloud）

加入点至点云 ▦ ▮（Add）

从点云中移除点 ▦ ▮（Remove）

标示椭圆、双曲线或抛物线的焦点 ▦（MarkFoci）

选择工具

取消 ▦ ▮（Cancel）

全部取消 ▦ ▮（SelNone）

直线工具

单一直线 ▦（Line）

多重直线 ▦ ▮（Polyline）

线段 ▦ ▮（Lines）

直线：从中点 ▦（Line）

逼近数个点的直线 ▦（LineThroughPt）

多重直线：通过数个点 ▦（CurveThroughPt）

将曲线转换为多重直线 ▦（Convert）

多重直线：网格上 ▦（PolylineOnMesh）

曲线

控制点曲线 ▦（Curve）

内插点曲线 (InterpCrv)

曲面上的内插点曲线 (InterpcrvOnSrf)

控制杆曲线 (HandleCurve)

描绘 (Sketch)

从多重直线建立控制点曲线 (CurveThroughPolyline)

圆锥线 (Conic)

从三点建立抛物线 (Parabola3Pt)

从焦点建立抛物线 (Parabola)

双曲线 (Hyperbola)

悬链线 (Catenary)

弹簧线 (Helix)

螺旋线 (Spiral)

在两条曲线之间建立均分曲线 (TweenCurves)

曲线工具

曲线圆角 (Fillet)

曲线斜角 (Chamfer)

连接 (Connect)

全部圆角 (FilletCorners)

可调式混接曲线 (BlendCrv)

快速曲线混接 (Blend)

弧形混接 (ArcBlend)

衔接曲线 (Match)

对称 (Symmetry)

偏移曲线 (Offset)

多次偏移曲线 (OffsetMultiple)

多次偏移 (OffsetMultiple)

往曲面法线方向偏移曲线 (OffsetNormal)

移除曲面或曲线的复节点 (RemoveMultiKnot)

偏移曲面上的曲线 (OffsetCrvOnSrf)

延伸曲线 (ExtendDynamic)

调整封闭曲线的接缝 (CrvSeam)

从两个视图的曲线 (Crv2View)

符合曲线方向 (MatchCrvDir)

从断面轮廓线建立曲线 (CSec)

重建曲线 (Rebuild)

非一致性的重建曲线🔧（RebuildCrvNonUniform）

以公差重新逼近曲线😊（FitCrv）

更改阶数😊（ChangeDegree）

整平曲线😊（Fair）

参数均匀化✦（MakeUniform）

简化直线与圆弧🔲（SimplifyCrv）

将曲线转换为多重直线◇🖱（Convert）

将曲线转换为圆弧◇🖱（Convert）

周期化✦🖱（MakePeriodic）

非周期化✦🖱（MakeNonPeriodic）

封闭开放的曲线🔲（CloseCrv）

续画控制点曲线🔳🖱（ContinueCurve）

续画内插点曲线🔳🖱（ContinueInterpCrv）

截断曲线🔳（DeleteSubCrv）

抽离子线段🔳（ExtractSubCrv）

截短曲线🔳🖱（SubCrv）

复制子线段🔳🖱（SubCrv）

在曲线上插入直线🔲（InsertLineIntoCrv）

在两条曲线间建立均分曲线🔲（TweenCurves）

曲线布尔运算🔲（CurveBoolean）

新增参考线🔲（AddGuide）

圆

圆：中心点、半径◎（Circle）

椭圆

椭圆：从中心点◉（Ellipse）

圆弧

圆弧：中心点、起点、角度◿（Arc）

通过数个点的圆弧🔳（CurveThroughPt）

将曲线转换成圆弧◇（Convert）

矩形

矩形：角对角▢（Rectangle）

建立曲面

指定三或四个角建立曲面 (SrfPt)

以平面曲线建立曲面 (PlanarSrf)

从网线建立曲面 (NetworkSrf)

放样 (Loft)

以二、三或四个边缘曲线建立曲面 (EdgeSrf)

嵌面 (Patch)

矩形平面：角对角 (Plane)

逼近数个点的平面 (PlaneThroughPt)

切割用平面 (CutPlane)

添加一个图像平面 (Picture)

使用无限平面 (InfinitePlane)

单轨扫掠 (Sweep1)

双轨扫掠 (Sweep2)

旋转成形 (Revolve)

沿着路径旋转 (Revolve)

在物件上产生布帘曲面 (Drape)

以图片灰阶高度 (Heightfield)

从控制点点格建立曲面 (SrfPtGrid)

从两条曲线建立可展开放样 (DevLoft)

彩带 (Ribbon)

往曲面法线方向挤出曲线 (Fin)

曲面工具

曲面圆角 (FilletSrf)

延伸曲面 (ExtendSrf)

曲面斜角 (ChamferSrf)

不等距曲面圆角 (VariableFilletSrf)

不等距曲面混接 (VariableBlendSrf)

不等距曲面斜角 (VariableChamferSrf)

混接曲面 (BlendSrf)

偏移曲面 (OffsetSrf)

不等距偏移曲面 (VariableOffsetSrf)

设置曲面的正切方向 (SetSurfaceTangent)

衔接曲面 (MatchSrf)

合并曲面 (MergeSrf)

连接曲面 (ConnectSrf)

对称 (Symmetry)

在两个曲面之间建立均分曲面 (TweenSurfaces)

重建曲面 (Rebuild)

重建曲面的 U 或 V 方向 (RebuildUV)

以公差重新逼近曲面 (FitSrf)

更改曲面阶数 (ChangeDegree)

分割边缘 (SplitEdge)

合并边缘 (MergeEdge)

重建边缘 (RebuildEdges)

取消修剪 (Untrim)

分离修剪 (Untrim)

缩回已修剪曲面 (ShrinkTrimmedSrf)

缩回已修剪曲面至边缘 (ShrinkTrimmedSrfToEdge)

参数均匀化 (MakeUniform)

使曲面的 U 或 V 方向参数一致化 (MakeUniformUV)

使曲面周期化 (MakePeriodic)

使曲面非周期化 (MakeNonPeriodic)

调整封闭曲面的接缝 (SrfSeam)

替换曲面边缘 (ReplaceEdge)

摊平可展开的曲面 (UnrollSrf)

建立曲面的平面轮廓 (FlattenSrf)

压平 (Smash)

调整曲面边缘转折 (EndBulge)

沿着锐边分割曲面 (DivideAlongCreases)

移除曲面或曲线的复节点 (RemoveMultiKnot)

建立实体

立方体：角对角、高度 (Box)

圆柱体 (Cylinder)

球体：中心点、半径 (Sphere)

椭圆体：从中心点 (Ellipsoid)

抛物面锥体 (Paraboloid)

圆锥体 (Cone)

平顶锥体 (TruncatedCone)

棱锥（Pyramid）

平顶棱锥（TruncatedPyramid）

圆柱管（Tube）

环状体（Torus）

圆管（平头盖）（Pipe）

圆管（圆头盖）（Pipe）

挤出建立实体

挤出封闭的平面曲线（ExtrudeCrv）

挤出曲面（ExtrudeSrf）

挤出曲面至点（ExtrudeSrfToPoint）

挤出曲面成锥状（ExtrudeSrfTapered）

沿着曲线挤出曲面、沿着副曲线挤出曲面（ExtrudeSrfAlongCrv）

挤出曲线至点（ExtrudeCrvToPoint）

挤出曲线成锥状（ExtrudeCrvTapered）

沿着曲线挤出曲线、沿着副曲线挤出曲线（ExtrudeCrvAlongCrv）

以多重直线挤出成厚片（Slab）

凸毂（Boss）

肋（Rib）

实体工具

布尔运算联集（BooleanUnion）

布尔运算差集（BooleanDifference）

布尔运算相交（BooleanDifference）

布尔运算分割（BooleanSplit）

布尔运算两个物件（Boolean2Objects）

自动建立实体（CreateSolid）

封闭的多重曲面薄壳（Shell）

将平面洞加盖（Cap）

抽离曲面（ExtractSrf）

合并两个共平面的面（MergeFace）

合并全部共平面的面（MergeAllFaces）

编辑边缘圆角（FilletEdge）

边缘圆角（FilletEdge）

不等距边缘混接（BlendEdge）

边缘斜角（ChamferEdge）

线切割 (WireCut)

将面移动 (MoveFace)

移动未修剪的面 (MoveUntrimmedFace)

将面移动至边界 (MoveFace)

挤出面 (ExtrudeSrf)

沿着路经挤出面 (ExtrudeSrfAlongCrv)

将面挤出至边界 (ExtrudeSrf)

打开实体物件的控制点 (SolidPtOn)

移动边缘 (MoveEdge)

移动未修剪的边缘 (MoveUntrimmedEdge)

将面分割 (SplitFace)

将面折叠 (FoldFace)

建立圆洞 (RoundHole)

建立洞 (MakeHole)

放置洞 (PlaceHole)

旋转成洞 (RevolvedHole)

将洞移动 (MoveHole)

复制一个平面上的洞 (CopyHole)

将洞旋转 (RotateHole)

以洞做环形阵列 (ArrayHolePolar)

以洞做阵列 (ArrayHole)

将洞删除 (UntrimHoles)

取消边缘的组合状态 (UnjoinEdge)

从物件建立曲线

投影曲线或控制点 (Project)

拉回曲线或控制点 (Pull)

复制边缘 (DupMeshEdge)

复制网格边缘 (DupMeshEdge)

复制边框 (DupBorder)

复制面的边框 (DupFaceBorder)

抽离结构线 (ExtractIsoCurve)

移动抽离的结构线 (MoveExtractedIsocurve)

抽离线框 (ExtractWireframe)

混接曲线垂直于边 (BlendCrv)

物件相交 (Intersect)

以两组物件计算相交🔲（IntersectTwoSets）

等距断面线🔲（Contour）

断面线🔲（Section）

测地线（最短路径）🔲（ShortPath）

轮廓线🔲（Silhouette）

抽离点🔲（ExtractPt）

点云断面线🔲（PointCloudSection）

建立 UV 曲线🔲🔲（CreateUVCrv）

对应 UV 曲线🔲🔲（ApplyCrv）

网格轮廓线🔲（MeshOutline）

建立 2D 图面🔲（Make2D）

建立网格

转换曲面 / 多重曲面为网格🔲（Mesh）

单一网格面🔲（3DFace）

网格平面🔲（MeshPlane）

网格立方体🔲（MeshBox）

网格圆柱体🔲（MeshCylinder）

网格圆锥体🔲（MeshCone）

网格平顶锥体🔲（MeshTruncatedCone）

网格球体🔲（MeshSphere）

椭圆体：从中心点🔲（MeshEllipsoid）

网格环状体🔲（MeshTorus）

网格嵌面🔲（MeshPatch）

以封闭的多重直线建立网格🔲（MeshPolyline）

以图片灰阶高度🔲（Heightfield）

以 NURBS 控制点连线建立网格🔲（ExtractControlPolygon）

网格工具

检查物件🔲（Check）

网格修复精灵🔲（MeshRepair）

以公差对齐顶点🔲（AlignMeshVertices）

熔接网格🔲🔲（Weld）

熔接选取的网格顶点🔲（WeldVertices）

衔接网格边缘🔲（MatchMeshEdge）

填补网格洞🔲（FillMeshHole）

重建网格法线 (RebuildMeshNormals)

重建网格 (RebuildMesh)

删除网格面 (DeleteMeshFaces)

嵌入单一网格面 (PatchSingleFace)

剔除退化的网格面 (CullDegenerateMeshFaces)

对调网格边缘 (SwapMeshEdge)

统一网格法线 (UnifyMeshNormals)

反转网格法线 (Flip)

对应网格至 NURBS 曲面 (ApplyMesh)

分割网格边缘 (SplitMeshEdge)

分割未相接的网格 (SplitDisjointMesh)

转换曲面 / 多重曲面为网格 (Mesh)

将物件转换为 NURBS (ToNURBS)

从点建立网格 (MeshFromPoints)

对应网格 UVN (ApplyMeshUVN)

分割网格 (MeshSplit)

修剪网格 (MeshTrim)

偏移网格 (OffsetMesh)

合并网格面 (Merge2MeshFaces)

网格相交 (MeshIntersect)

复制网格洞的边界 (DupMeshHoleBoundary)

四角化网格 (QuadrangulateMesh)

三角化网格 (TriangulateMesh)

三角化非平面的四角网格 (TriangulateNonPlanarQuads)

缩减网格面数 (ReduceMesh)

计算网格面数 (PolygonCount)

抽离网格 (ExtractMeshFaces)

折叠网格 (CollapseMeshFace)

折叠网格边缘 (CollapseMeshEdge)

折叠网格顶点 (CollapseMeshVertex)

加入 Ngon 到网格 (AddNgonsToMesh)

删除网格中的 Ngon (DeleteMeshNgons)

变动工具

移动 (Move)

复制 (Copy)

2D 旋转（Rotate）

3D 旋转（Rotate3D）

三轴缩放（Scale）

二轴缩放（Scale2D）

镜像（Mirror）

定位物件：两点（Orient）

定位物件：三点（Orient3Pt）

方块编辑（BoxEdit）

定位物件至曲面（OrientOnSrf）

垂直定位至曲线（OrientOncrv）

定位曲线至边缘（OrientCrvToEdge）

重新对应至工作平面（RemapCPlane）

矩形阵列（Array）

环形阵列（ArrayPolar）

沿着曲线阵列（ArrayCrv）

在曲面上阵列（ArraySrf）

沿着曲面上的曲线阵列（ArrayCrvOnSrf）

直线阵列（ArrayLinear）

投影至工作平面（ProjectToCPlane）

设置 XYZ 坐标（SetPt）

对齐物件（Align）

扭转（Twist）

弯曲（Bend）

锥状化（Taper）

沿着曲线流动（Flow）

倾斜（Shear）

使平滑（Smooth）

沿着曲面流动（FlowAlongSrf）

球形对变（Splop）

绕转（Maelstrom）

延展（Stretch）

变形控制器编辑（CageEdit）

建立变形控制器（Cage）

分析工具

显示物件方向（ShowDir）

关闭物件的方向显示 (ShowDirOff)

点的坐标 (EvaluatePt)

测量长度 (Length)

测量距离 (Distance)

角度 (Angle)

测量直径 (Diameter)

半径 (Radius)

曲率 (Curvature)

反弹 (Bounce)

打开曲率图形 (CurvatureGraph)

关闭曲率图形 (CurvatureGraphOff)

两条曲线的几何连续性 (GCon)

分析曲线偏差值 (CrvDeviation)

面积 (Area)

面积重心 (AreaCentroid)

面积力矩 (AreaMoments)

体积 (Volume)

体积重心 (VolumeCentroid)

体积力矩 (VolumeMoments)

流体静力 (Hydrostatics)

曲率分析 (CurvatureAnalysis)

关闭曲率分析 (CurvatureAnalysisOff)

拔模角度分析 (DraftAngleAnalysis)

关闭拔模角度分析 (DraftAngleAnalysisOff)

环境贴图 (EMap)

关闭环境贴图 (EMapOff)

斑马纹分析 (Zebra)

关闭斑马纹分析 (ZebraOff)

以 UV 坐标建立点 (PointsFromUV)

点的 UV 坐标 (EvaluateUVPt)

点集合偏差值 (PointDeviation)

厚度分析 (ThicknessAnalysis)

关闭厚度分析 (ThicknessAnalysisOff)

捕捉工作视窗至文件 (ViewCaptureToFile)

捕捉工作视窗至剪贴板 (ViewCaptureToClipboard)

列出物件数据 (List)

物件详细数据 (What)

选取损坏的物件🔳🔳（SelBadObjects）

抽离损坏的曲面🔳🔳（ExtractBadSrf）

核对🔳（Audit）

核对 3DM 文件🔳（Audit3dmFile）

修复 3DM 文件🔳（Rescue3dmFile）

显示边缘🔳🔳（ShowEdges）

关闭曲线边缘显示🔳🔳（ShowEdgesOff）

显示曲线端点🔳🔳（ShowEnds）

关闭曲线端点显示🔳🔳（ShowEndsOff）

获取系统信息🔳（SystemInfo）

其他常用工具

复原🔳（Undo）

组合🔳（Join）

炸开🔳（Explode）

群组物件🔳（Group）

取消群组🔳（Ungroup）

隐藏物件🔳🔳（Hide）

显示物件🔳🔳（Show）

显示物件控制点🔳（PointsOn）

关闭物件控制点🔳（PointsOff）

修剪🔳🔳（Trim）

取消修剪🔳🔳（Untrim）

分割🔳🔳（Split）

以结构线分割曲面🔳🔳（Split）

文字物件🔳（TextObject）

平移视图🔳（Pan）

锁定物件🔳🔳（Lock）

解除锁定物件🔳🔳（Unlock）

转换为细分物件🔳（ToSubD）

附录 3　Grasshopper 插件中常用命令名称及图标

Angle

BouncySolver

Collider

Length（Line）

OnMesh

Amplitude

Boolean Toggle `Toggle False`

Boolean Toggle2 `Toggle True`

Bounds

Brep Closest Point

Brep Join

Button `Button`

Cap Holes

Construct Domain

Construct Point

Curve

Deconstruct Vector

Discontinuity

Divide Curve

End Points

Evaluate Curve

Evaluate Field

Explode

Llatten Tree

Graph Mapper

Hexagonal

Interpolate

Line

Loft

Mesh Join

Mesh Surface

Move

Nurbs Curve

Point Charge

Point On Curve `0.5...`

Polygon Center

Populate Geometry

Pull Point

Range

Remap Numbers

Ruled Surface

Shift List

Sweep2

Unflatten Tree

Vector 2Pt

Vector Display

Vector XYZ

wbCatmullClark

wbThicken

Polygon

Random Reduce

Region Union

Rotate

参考文献

[1] 郭嘉琳，黄隆达 . 一条线建模——Rhino 产品造型进阶教程 [M]. 北京：人民邮电出版社，2018.

[2] 黄少刚，吴继斌 . Rhino 3D 工业级造型与设计 . 3 版 [M]. 北京：清华大学出版社，2019.

[3] 徐平，章勇，苏浪 . 中文版 Rhino 5.0 完全自学教程 . 3 版 [M]. 北京：人民邮电出版社，2017.

[4] 白仁飞，刘逵 . Rhino 5 数字造型大风暴 . 2 版 [M]. 北京：人民邮电出版社，2014.

[5] 鲁英灿 . 5 天从入门到实战——设计大师 SketchUP 应用教程 [M]. 北京：清华大学出版社，2008.

[6] 刘文利，李岩 . 明清家具鉴赏与制作分解图鉴：上 [M]. 北京：中国林业出版社，2013.

[7] 刘文利，李岩 . 明清家具鉴赏与制作分解图鉴：下 [M]. 北京：中国林业出版社，2013.

[8] 于伸，易欣 . 中外家具发展史 [M]. 哈尔滨：东北林业大学出版社，2016.

[9] 杨汝全 . 探秘 Rhino 产品三维设计进阶必读 [M]. 北京：清华大学出版社，2016.

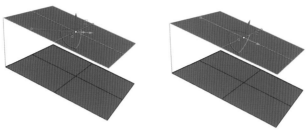

(a) 世界坐标轴的移动   (b) 定位操作轴

图 2-3   操作轴的定位应用

图 2-26   金属靠背椅

图 2-42   赋予材质后的模型图

图 2-49　最终渲染效果图

(a) 建模效果

(b) 渲染效果

图 3-110　完成效果

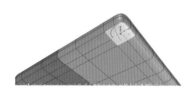

(a) 选择面

(b) 挤出面

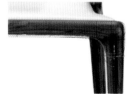

(c) 调整对齐

图 4-167　挤出椅腿

图 6-4　赋材质后效果

图 6-6　增加地平面后效果

图 6-10　进行"添加针"的界面效果

图 6-14　最终效果图

图 6-21　渲染成品图

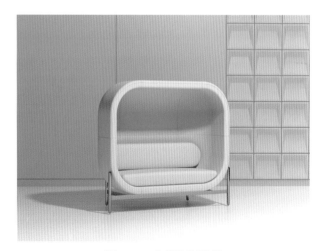

图 6-24　皮革贴图效果

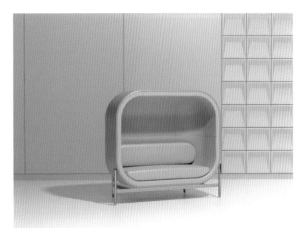

图 6-27　调整属性颜色后效果

图 6-38　皮革胶囊椅渲染效果

图 6-40　高级材质模型效果

图 6-46　调整属性及纹理后效果

图 6-56　渲染效果

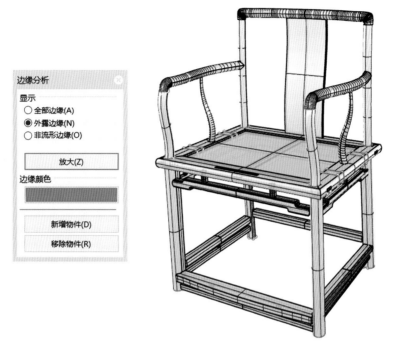

图 6-62　执行显示边缘命令寻找非封闭实体零件

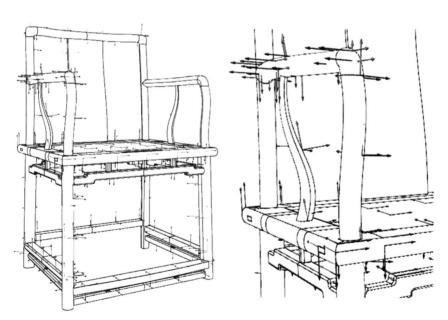

图 6-65　为家具中各木质零部件指定纹理方向示意图

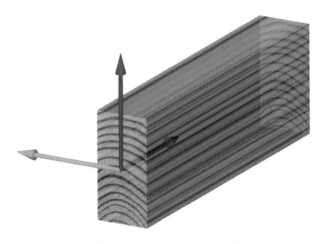

图 6-66　各箭头的含义示意图

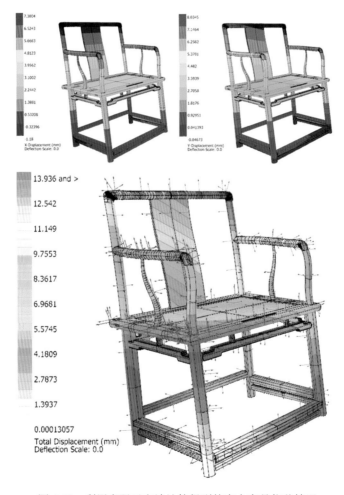

图 6-69　利用有限元方法计算得到的实木家具位移情况